建筑室内环境污染预防与控制

绿色建筑材料国家重点实验室　组织编写

冀志江　编　　著

中国建材工业出版社

图书在版编目（CIP）数据

建筑室内环境污染预防与控制/冀志江编著 . --北京：中国建材工业出版社，2021.9
ISBN 978-7-5160-3244-2

Ⅰ．①建…　Ⅱ．①冀…　Ⅲ．①室内环境－空气污染控制　Ⅳ．①X510.6

中国版本图书馆 CIP 数据核字（2021）第 121538 号

建筑室内环境污染预防与控制

Jianzhu Shinei Huanjing Wuran Yufang yu Kongzhi

绿色建筑材料国家重点实验室　组织编写

冀志江　编　著

出版发行：中国建材工业出版社
地　　址：北京市海淀区三里河路 1 号
邮　　编：100044
经　　销：全国各地新华书店
印　　刷：北京雁林吉兆印刷有限公司
开　　本：787mm×1092mm　1/16
印　　张：12.5
字　　数：200 千字
版　　次：2021 年 9 月第 1 版
印　　次：2021 年 9 月第 1 次
定　　价：**68.00 元**

作者简介

冀志江，河北省涿鹿人，1964 年 9 月生，工学博士，教授级高工，博士生导师，享受国务院特殊津贴专家；现任中国建筑材料科学研究总院绿色建筑材料国家重点实验室学术带头人，兼任中国建筑材料联合会生态环境建材分会常务副理事长、中国硅酸盐学会房建材料分会秘书长、环境友好与有益健康建材标准化技术委员会主任委员等职。

冀志江教授从事有益室内环境改善的功能材料研究，开拓和发展了生态环境建筑材料行业，使生态环境功能建筑材料成为绿色建材研究中的一个独立学科方向。其主要学术思想是充分利用建筑材料本身特性，从物理、化学、微生物三个方面改善人居环境。主要研究内容：湿度调节、相变蓄热调温、电磁波防护、抗菌防霉以及化学污染控制等材料与技术。

冀志江教授相继承担国家"十一五"科技支撑计划"城镇人居环境改善与保障关键技术研究"课题、国家"十二五"科技支撑计划"健康型建材产品技术研发与示范"课题和国家"十三五"国家重点研发计划"蓄热及电磁防护装饰装修材料开发和应用研究"课题；2002 年获北京市科技进步二等奖 1 项，2004 年获国家科技发明二等奖 1 项，2012 年获得中国人民解放军科技进步三等奖 1 项，2017 年获得中国循环经济协会科技进步和建设系统华夏建设一等奖各 1 项，2018 年获得建材行业科技进步一等奖 1 项，2019 年获非金属行业科技进步一等奖 1 项；提出与制订国家、行业标准 40 多项，获得国家发明专利 50 多项，国内外发表学术论文 200 余篇，出版论著 5 部。

《建筑室内环境污染预防与控制》
编著者名单

主要编著者：冀志江　王　静

参与编著者：解　帅　张琏珺　刘蕊蕊

　　　　　　曹延鑫　陈继浩

序

  建筑的装修污染及室内的健康舒适性备受广大百姓、室内设计师、建筑工程师以及装修企业、材料生产商等关注。

  《建筑室内环境污染预防与控制》从材料学、建筑物理学、化学及微生物学等多学科比较新颖的角度，结合室内建筑环境污染控制的相关标准规范来讨论室内环境的影响因素。

  该书深入浅出地介绍了材料与环境关系等相关专业知识，具有很强的系统性、专业性和通俗性，能够解释大家关心的装饰装修污染和室内环境问题，对室内设计师和建筑工程师的相关工作具有很强的指导性，对普通百姓认识和预防室内空气污染也具有较大的参考价值。

  冀志江教授作为生态环境功能建材领域的继承与开拓者，以中国建筑材料科学研究总院为依托，组建国内第一支相关研究团队，开拓和发展了我国环境功能建材行业，形成建筑材料独立的学科方向。本书内容对冀志江教授20多年来的相关专业研究有一定的反映。

  该书不失为一本了解建筑室内环境与建筑材料关系、传播室内环境污染预防和改善知识的好读物。

中国工程院院士

2021 年 7 月

前　言

　　室内环境学是非常复杂的科学，涉及众多学科。说到环境，人们往往将视觉印象放在第一位，其实环境不完全是具象的，也包含着非常抽象的东西，它是一个交叉学科，涉及材料学、心理学、美学、物理学、化学和微生物学等。

　　室内设计师往往比较关注材料的使用性能和视觉美学特征，对环境影响的关注度不够，也缺乏相关知识。人们在购买房子或对房子进行装修时，不仅关心视觉与材料的使用效果，而且非常关心室内空气污染问题。如何规避或降低室内环境污染，需要系统地认识一下材料对环境的影响。本书讨论了许多装饰装修材料污染问题，可为大众了解材料性质、选择合适的建筑材料提供帮助。

　　本书分为七章：第一至五章从化学、物理学和微生物角度分析了影响室内环境的要素；第六章主要分析了影响室内环境的现行法律法规、国家与行业标准；第七章着重讨论了建筑装饰装修的要点，并对儿童房、康养建筑室内环境和使用材料的要求进行了探讨。

　　本书由冀志江教授策划、编写提纲、整理资料，历时几年完成编写。其中第四章由王静教授编写；刘蕊蕊博士、解帅博士和张琎珺博士分别对第二章、第三章和第六章进行了相关资料的补充完善。

　　由于编者水平有限，本书难免存在不足之处，敬请读者批评指正，不吝赐教。

编　者

2021 年 6 月

目　录

第一章

室内环境知多少

第一节　室内环境是什么

室内环境看似简单，其实是一个既具体又抽象的概念。在人们的印象中，室内环境无非是装饰装修的风格、美观度、色彩等"实物环境"，这些都是视觉元素。其实，环境还包括我们通过"呼吸"所感受的"空气环境"，与实物环境相应的人文环境，以及我们无法用语言表达的通过第六感官——"直觉"感受。实物环境、人文环境、空气环境、"直觉"感受之间存在看似简单而又复杂的关系。

现代人在构建室内环境时，往往通过设计以视觉定环境，决定进行怎样的装修，可能忽视或无法预知真实的"空气环境"。直觉是人体对环境安全性、舒适度的整体心理反应，所以，我们也有必要重视和尊重直觉。当家庭装饰直觉不好时，那就要找找原因，比如室内空气是否存在污染。

通过呼吸感受到的建筑室内空气环境非常重要，值得每个人重视。对人来说，空气和食物、水有着同等重要的作用。维系一个成年人一天所必需的物质包括大约1kg食品、2kg水和10kg空气。从生理学的角度来说，人不喝水最多能坚持72h；只喝水，不吃饭可以坚持一周。但是，一般人不呼吸只能坚持3～5min，如果超过了这个范围，即使被救活过来，也可能造成脑损伤。由此可见空气对人体的重要性。

现代都市居民的室内环境一般都是由装修材料围护而成。在建筑装修设计时，人们首先考虑的是美观性和实用性，非常注重家居环境的美观和使用方便等，而可能忽略了材料形成的实物环境对空气环境的影响。在造成室内污染的各种来源之中，装修材料与家具所产生的污染种类多、情况复杂、持续的时间长，对室内环境影响的重要性不言而喻。

一、什么是民用建筑的室内环境

建筑物的种类多种多样，可以按照建筑物的使用功能将其分为民用建筑和工业建筑两大类。根据 2008 年 7 月 23 日国务院第 18 次常务会议通过的《民用建筑节能条例》中第一章第二条的规定，"民用建筑"是指居住建筑、国家机关办公建筑和商业、服务业、教育、卫生等其他公共建筑。由于民用建筑的种类十分广泛，本书特别针对与人们日常生活最为密切的居民住宅进行阐述。为了与人们长期以来习惯使用的民用建筑的说法相一致，本书如无特别说明，我们所说的民用建筑特指居住建筑中的居民住宅（图 1-1）。

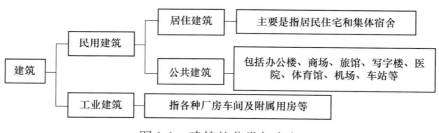

图 1-1　建筑的分类与定义

室内环境是一个比较抽象的概念，范围较广。一般来说，室内环境是相对于室外环境而言的，通常我们所说的室内环境是指采用天然材料或者人工材料围隔而成的小空间，也是与大环境相对分割而成的小环境。这个环境应包括触觉感受到的实物环境、装饰效果形成的视觉美学环境、空间中的空气质量环境等。

实物环境和我们在室内生活的方便功能性相关；视觉环境会影响我们的心情，美的环境会使我们心理愉悦；空气质量环境会影响我们的健康，例如受污染的空气可能有异味，让人感觉难以忍受（即使没有异味也不一定说明空气就没有被污染）。

室内环境不单是指居民住宅，还包括我们的工作、学习、娱乐、购物等相对封闭的各种场所，如办公室、学校教室、医院、大型百货商店、写字楼，以及飞机、汽车、火车等交通工具。因此，研究室内环境污染问题时，室内环境可以分为建筑物的室内环境和交通工具的室内环境。

在本书中，如无特别说明，我们所指的室内环境都是建筑物的内环境，并特指居民住宅的室内空气环境。

虽然现在网络上有许多关于室内装修的知识，但是由于缺乏权威性，消费者很难判断其可靠性与可信性。大多数居民的装修基本知识仍然很匮乏，对住宅进行不合理装修的人很多。这也直接导致了现在城市中大量由于室内装修不当而引起的室内空气环境污染。在空气中，除了可以嗅到的化学物质污染之外，还有无色无味的潜在污染气体的存在，例如，甲醛就是无色无味的刺激性气体，我们闻到的装修气味不是甲醛。空气污染的潜在危险很大，人体个体存在差异，对污染的反应各有不同，会引起过敏、哮喘、皮肤病、精神不振等常见症状，有的情况会引发严重的疾病，如癌症。

对广大的普通百姓来说，一套房子几乎相当于一家人全部的积蓄，再加上装修的费用，数目巨大。而用这些辛苦钱购买的房子也是一家人大部分时间都要在其中度过的居住场所，如果由于不科学的装修，室内空气污染而引发疾病，对家庭的影响非常大。成年男性从业人员长期接触室内装修污染物会造成精子数量减少、活动力下降、畸形率增高和精浆 SOD 活性降低[1]。装修污染会诱发严重疾病。例如，会诱发儿童患白血病，诱发成年人患癌症等。钱华等[2]对 2001 年 1 月至 2003 年 7 月间苏州儿童医院的新发白血病例进行调查，共 117 例。调查结果显示：白血病儿童在发病前有家庭室内装修或新漆家居的占比分别为 48.7% 和 47.0%，均高于对照组儿童。装修材料中苯、甲醛等有机溶剂含量超标可能是其原因。王建英[3] 在《急性白血病的环境危险因素分析》一文中提到其所在的泸州医学院附属医院血液科 2003 年 1 月至 2005 年 1 月收治的急性白血病患者共 250 例，其中 186 例的家庭进行了房屋装修，占比 74.4%。

无论房子装修得多么豪华、漂亮，如果室内环境失去环保安全性，所有一切将失去意义。每个人都应有控制室内环境污染的意识。

二、室内空气环境污染的因素有哪些

形成室内空气环境污染的因素多种多样，既有室内装饰材料、居民生活方式的因素，也有室外环境的因素等。室内环境是几十种、上百种建筑材料堆砌的环境，再加上生活用品也在其中，并有人自身的污染，室内空气中的化学污染物达 300 种之多。

由于现代都市人的居住环境大都为建筑材料及装修材料所围成的与外界环境相隔离的小空间，再加上都市建筑密度和高度的不断提高，建筑本身的内、外环境都不利于污染物质的消散。室内环境污染可分为化学污染、物理污染和微生物污染 3 种，也存在多种污染的复合污染。下面将分别从引起室内环境污染的 6 个方面来具体分析。

（一）室内装饰材料及家具

1. 家中所用建筑材料的种类

在当前室内污染的所有因素中，装饰装修材料和家具是最主要的污染源。随着生活水平的不断提高，人们对室内装饰装修提出了更高的美观和使用性能的要求。家庭装修主要分为墙面涂装，瓷砖、石材、壁纸的粘贴，地板铺装，木工、包贴等几个方面。

现代建筑尤其是装配式建筑，墙体多由板材拼接而成，板材经过季节的温湿变化出现开裂，是一个正常现象，却可能导致表面装饰层开裂，影响美观。墙面涂装一般的做法是，在墙体上粘贴抗开裂玻璃网格布，用砂浆找平、腻子批刮、涂刷涂料等对墙体进行装饰。粘贴玻璃网格布时，往往用到白乳胶或抗开裂砂浆。如果砂浆和腻子中含有不环保的黏结性、增塑性的化学物质，这就给室内环境污染埋下了"祸根"，就会在装修完工后的相当长的一段时间内不断向室内空气中释放对人体有害的物质。墙面涂装中，采用不环保的涂层材料会导致室内空气污染超标，所以选择既环保又能起到很好的抗开裂材料非常重要。

墙面粘贴壁纸时，不环保的塑料壁纸和胶粘剂会引起严重的室内污染。许多酒店粘贴了好看但不环保的壁纸，装修污染味道始终存在。

厨房和卫生间的装饰一般使用瓷砖、面砖和大理石等型材。在用这些材料进行装饰时，粘贴砂浆中添加黏结剂应注意环保性，否则也易造成污染。

除此之外，还要注意所用陶瓷砖和石材的放射性问题。一些质量不合格的瓷砖和石材中有可能含有过量的放射性物质。

此外，在用上述材料进行装饰后往往还要用勾缝剂进行填缝处理。勾缝剂往往含有大量胶粘剂物质，也是污染的来源之一。在使用勾缝剂时可以选用具有抗菌防菌功能的质量合格产品。因为，这些细小的部位一般都是较难清洗的部位，很容易滋生霉菌等有害物质，既影响了美观，又对人的健康有害。

木装修中，门、窗、地板等会用到大量木质板材或复合材料及漆料。板材和胶粘剂都有可能带来室内环境污染。在装修门、窗时离不开木质板材和胶粘剂。胶合板、细木工板、密度纤维板等板材本身含有胶粘剂，在装修时也要用到胶粘剂。胶粘剂是环境污染的重要污染源。漆料中也有可能含有大量的有害挥发性有机物，重要的是劣质木器漆料形成的涂层，有害物质短期内不能完全释放，长期释放会造成潜在的长期环境污染，危害性更大。这些都是在进行家装时需要注意的重要环节。

地板是家庭装修中的重要一环。一般人喜欢的木质地板可以分为实木地板、实木复合地板、强化复合地板和竹地板等。由于地板在室内占有较大的面积，对室内空气的质量有着较大影响。因此，必须对地板的材料和装修过程加以重视。除了实木地板外，其他种类的复合地板在生产过程中都会使用大量的胶粘剂，在一定的温度和压力下成型。胶粘剂是复合木地板的组成部分。当胶粘剂的环保性不达标或生产工艺存在较大问题时，甲醛的释放量都会增加。就目前来说，我国的复合木地板不含甲醛的很少，大部分产品只能达到 E1 级标准（甲醛 1.5mg/L）[4]。因此，在选购地板材料时应注意产品包装上的甲醛释放量要达到国家的环保要求。应注意，即使达到环保要求，用量大也可能导致空气污染。

2. 家具污染防不胜防

家具的污染来源主要包括家具本身的板材、黏结剂和家具表面的涂料。

家具分为实木家具与人造板材家具两大类。实木家具最大的优点是制作过程中用胶量比较少，使得实木家具释放的有害物质相对较少。由于木材资源紧张，实木家具价格昂贵，从经济的角度出发很多人往往选用人造板材的家具。

人造板材家具在生产制作中选用的板材为人造板。人造板本身就是以胶粘剂为粘接材料将其他木质材料黏合在一起形成的板材，含胶量必然较大。此外，一些木质板材美观的木纹，大部分是木纹纸或木皮与基材（人造板、细木工板）经过胶粘剂粘贴热压而成，污染很难完全排除。目前，我国大部分中低端产品仍然使用脲醛胶，甲醛污染必然存在。异氰酸酯胶粘剂没有甲醛污染，但成本约是脲醛胶的三倍，价格比较贵。随着科技的进步，以大豆为原料制备的大豆胶不含有甲醛，环保性好，但是在我国还没有普遍使用。

在利用人造板制造家具时一般要贴面、封边会对板材芯内胶粘剂有害物质的释放起到抑制作用，但释放却是长期的。所以，在新购买家具时一定要和装修房间一样，在通风处放置一段时间后再使用，使浅表面的污染物快速释放。市场监管无法细致到每一件产品，一些厂家为了节约成本，家具选材环保性不达标，大量使用胶粘剂和不环保漆料，这样就会使有害气体在家具的使用过程中污染更加严重。我国的木质家具《木家具通用技术条件》（GB/T 3324）规定有害物质限量应符合《室内装饰装修材料 木家具中有害物质限量》（GB 18584）和皮革纺织面料中禁用可分解的芳香胺染料。《室内装饰装修材料 木家具中有害物质限量》（GB 18584—2001）至今没有修订，可挥发释放污染物只规定了甲醛，显然十分不符合实际情况。

另外，如果在沙发、床垫等软性家具中使用大量劣质的化学合成填充物也会造成严重的化学污染。家具皮革表面为了保持柔软性会用化学试剂"柔顺剂"处理，不环保处理剂也长期挥发污染物。例如，汽车内的皮革座椅是重要的污染源之一，布面座椅对汽车内的空气影响要小一些。

由于家具会持续不断地向室内释放有害物质，很难根除，与人体长期频繁接触，会危害人体健康，增加引发疾病的概率。因此，遇到有强烈刺激气味的家具不要购买，不是正规厂家生产或没有出厂检验合格证的家具不要购买，防止出现无法维权的情况。

（二）污染只来源于装饰材料吗

我们除了要关注室内装饰材料带来的污染，也要关注建筑物的主体结构材料。由于装饰材料造成的污染，在极端的情况下，我们可以通过把所有材料全部清除掉再重新使用合格材料的方法加以解决，而如果是建筑主体材料发生了问题，则需要耗费更大的人力、物力来解决，所付出的经济代价将是巨大的，甚至有可能导致建筑物被彻底废弃。

混凝土是构成建筑物的主体材料之一，是由胶凝材料，粗、细集料和水按适当比例配合，拌制成拌和物，经一定时间硬化而成的"人造石材"。由于拌制混凝土的砂石、矿物与废渣掺合料组分中都有可能含有过量的放射性物质，如果处理不当，这些物质就有可能对人体产生伤害。

放射性污染，属于电离辐射。放射性物质在自然状态下不断进行核衰变，在衰变过程中可放射出 α、β、γ 三种射线。有的放射性元素还会衰变产生放射性气体氡（Rn）[5]。放射性物质进入人体发生衰变，α 射线是造成人体内照射危害的主要射线之一。γ 射线由于其强大的穿透力而成为造成人体外照射伤害的主要射线。氡是无色无味的气体。空气中的氡及其子体在衰变过程中也会释放出 α、β 射线，对人体形成外照射。当氡通过呼吸进入人体后，其衰变产生放射性核素会沉积在支气管、肺和肾组织中，对人体产生内照射，是肺癌的诱因[6]。

因此，建议在施工时要按照现行国家标准使用低放射性的矿渣、砂石等拌制混凝土，以确保居住者的人身安全。

室内装修材料中的涂料、腻子可以对主体材料中的氡等放射性子体有一定的屏蔽作用，但对 γ 射线无屏蔽作用。如果主体材料含有放射性核素较高，产生衰变形成的 γ 射线外照射无法回避，除非建筑物表面采用特殊的屏蔽材料处理（含有重金属骨料制成的屏蔽砂浆）。对于其他放射性子体，如氡、α、β 射线等，涂料层即可阻挡。主体施工完成后，后续的室内装饰装修施工不合理，装修涂料和腻子质量较差，涂层出现裂缝情况下，对基材释放出的放射性子体的屏蔽作用就会大大降低，会使人在房屋过分地暴露在这些放射性物质之中，通过呼吸道进入人体，形成内照射，对人体危害极大。氡气超标的房间可以利用致密涂层进行适当的屏蔽。

混凝土外加剂，多是化学合成有机材料，能极大改善混凝土的施工性能，但是质量不合格或性质不稳定的外加剂在使用过程中会释放出有害的挥发物。鉴于此，在外加剂的选择和使用上要特别注意。国家对氨类混凝土防冻剂进行了限制，近些年新建建筑没有氨气超标的现象，但在旧建筑中，氨气超标的现象依然存在。

钢材不应有放射性，但是被放射性污染的钢材也会影响室内环境。

（三）吸烟是明知故犯的污染，烹饪污染不可小视

吸烟与烹饪也是室内的主要污染来源之一[7]。吸烟不仅危害吸烟者的

健康也对在吸烟环境中被动吸烟的人产生伤害。在室内吸烟能大大增加 $PM_{2.5}$ 等可吸入颗粒物的含量。烟雾中含有许多致病物质，如烟碱、二氧化氮、氢氰酸、丙烯醛、砷、铅、汞等，其中对人体危害最大的是苯并［a］芘，这些物质会严重降低室内空气的质量。

由于我们在日常生活中较多地使用油类来煎炒烹炸，如果厨房的通风不畅，就会使油烟长时间滞留室内，导致疾病的发生。烹饪过程中的污染物是以油烟形式排放的，油烟中既有悬浮颗粒物，又有气体状态的有机污染物。重要的是室内吸烟和烹饪污染气体会吸附在室内材料表面，长时间不能解吸，会在一定时间内释放。

研究表明，油烟对呼吸道有强烈的刺激作用，能致使肺黏膜损伤，还对人的机体免疫功能有一定的抑制作用。

（四）你自己就是污染源

人体自身的新陈代谢以及各种生活废弃物的气体挥发也是造成室内空气污染的另一个重要原因。当人在室内活动时，人体本身通过呼吸道、皮肤、汗腺和排气，会排出大量的污染物。人的皮肤存在大量腺体，这些腺体除了分泌汗液之外，还有各种化学物质，所以每个人的体味可能不尽相同。传说清乾隆皇帝妃子香妃"玉容未近，芳香袭人，既不是花香也不是粉香，别有一种奇芳异馥，沁人心脾"。虽是传说，但科学上讲是可能的，可能她的皮肤腺体的化学物质有"香味"。

"屁，五谷之臭气也，狗闻之摇尾而来，人闻之掩鼻而去"，这是古人对人体"排气"的描述，是说人在代谢过程中产生的污染气体。

人体也是微生物的宿体，通过呼出的气体、皮肤碎屑等会不断地有微生物散发到周围的空气环境中，传播性呼吸道疾病就源于此。

此外，CO_2 也是一种非致病性污染物。新鲜空气中的 CO_2 浓度为 400ppm 左右，当房间内人数过多时，室内的 CO_2 浓度达到 1000ppm 及以上时，人感到空气混浊，觉得疲倦、昏昏欲睡，头晕甚至休克。在我国中小学中，一些没有新风系统的教室内学生易犯困，和空气中的 CO_2 浓度高有关。另外，人在室内的活动会增加室内温度，促使细菌、霉菌等微生物的大量滋生。特别是在北方的冬季，长期的关闭门窗可导致室内 CO_2 比例偏高，因此，除了要常到户外呼吸新鲜空气外，还要及时开窗通风换气，或使用新风系统。

除此之外，其他的日常活动，如化妆品、清洁剂、杀虫剂等也会造成空气污染。

（五）电磁辐射污染知多少——无法体验到的污染

随着电子信息技术的迅猛发展，在日常生活中，人们所接触的电子产品越来越多，无论在室内室外，与20世纪80年代之前相比，现代人所处的电磁环境变得越来越复杂。

工作中我们每天都要和电脑直面达几个小时以上；家里也有多种家电；工作和生活中时刻不离身的手机，无处不在的 Wi-Fi 和 WLAN 等。据检测，移动电话在接通瞬间、拨通电话和数据流量上网时数值均会剧增，一些手机的最大电场值分别达到 39.94V/m、22.57V/m；微波炉以中火运行时，1m 范围内电场值可达（10～20）V/m；台式电脑机箱正后方电场值达到 13V/m。在有限的空间里，电器密集程度逐步增大，造成室内空间电磁环境的恶化。而且随着这些电气设备的老化、陈旧以及更新换代的加快，其电磁辐射的程度也会随之增大。

除了室内污染源外，室外电磁污染源同样不容忽视。随着城市的扩展，在一些新开发的居民区布有高压输送线以及大中型的广播电视与无线电通信发射台等。某小区，距离高压输电线约50m 的住宅内，平均电场强度为60V/m，最高值可达到290V/m；某地距离某广播天线组约500m 的民居内，平均电场强度为40V/m，最高值达到120V/m。这些设施都会使城市高空的电磁波场强增大，对附近的建筑物产生较强电场，使居住在这些建筑物内的居民可能受到超强电磁辐射，为居民健康埋下隐患。

电磁辐射对人体的生物效应包括热效应、非热效应和累积效应。累积效应是指人体受到热效应和非热效应后，对人体的伤害尚未来得及自我修复之前，再次受到电磁辐射，其伤害程度就会发生累积，久之会成为永久性伤害。电磁辐射污染的损害后果具有长期性和潜伏性，一般不会因电磁辐射污染立即对人体造成显而易见的损害后果。故以电磁辐射污染所致人身伤害为由要求损害赔偿的纠纷相对较少。

（六）室外空气污染对室内空气污染有多大影响

室内环境与室外环境不可分割，当我们考虑治理室内环境的时候，室外环境也是我们必须考虑的一个因素。当室外的大气和生态环境遭遇严重破坏的时候,室内环境的污染很难避免。虽然可以采用新风过滤系统解决,但增加建筑使用成本。

一句话,室外空气对室内空气污染的程度取决于建筑的密闭性、新风系统(如果有)的过滤性效果。

我国庞大的人口基数,加上长期不合理的能源消费模式使得生态环境十分脆弱。$PM_{2.5}$时常出现在媒体的显著位置,城市雾霾时常在身边陪伴,增加了人体在污染物中的暴露量。没有室外环境的改善,单纯治理室内环境的效果会大打折扣。特别是在人口较集中、气流较小的气候带城市,由于人口密度较高,机动车尾气排出量大,再加上城市高楼和纵横交错的街道,使空气中的污染物难以迅速消散;尤其在不利的气象条件下更容易发生污染事故。对于从事城市规划的人员,掌握高密度人口城市中污染物的扩散规律,合理选择工厂和居民区的位置,这对城市规划、环境管理以及居民健康都具有十分重要的意义。对于百姓,适当掌握相关信息选择合适的居住区显得非常重要。

第二节　室内环境污染的分类

一、室内环境污染简介

目前,室内环境污染物有不同的分类方法,按污染物的来源分,有:人自身活动、室内装饰材料、家具、燃烧产物、室外污染物进入等方面。由于构成室内污染的物质的成分极其复杂,这样的分类方法不容易从整体上掌握污染物的组成成分,也不利于掌握污染物的性质。

一般来说,从污染物性质的角度出发,可以将室内环境污染分为3大类,即化学污染、物理污染、微生物污染。这3种污染还易形成复合污染。$PM_{2.5}$组成成分和成因复杂,城市环境$PM_{2.5}$多是由多种污染物经过理化作用形成的一种复合污染。因此,室内环境污染的控制也应从这三个方面入手考虑。目前，建筑装饰装修材料和家具已经成为主要的室内空气污染源，为了人们的身体健康，"健康"装饰装修已经成为人们广泛的共识。生活方式也会导致室内环境污染，可以通过建立良好的卫生生活习惯加以避免。

化学污染常见的有醛类、苯系物、酯类、氨气等。主要是在房屋装修过程中使用的各种胶粘剂、涂料、皮革、化学家装制品等所产生的有害物质。

物理污染包括各种噪声污染、电离辐射-放射性污染、电磁波、湿热污染等。

微生物污染主要是指由于细菌、霉菌的繁殖使室内空气受到的污染和接触污染。病毒在空气中不会自身繁殖，但也可以导致室内空气微生物污染。

这3种污染的发生都不是孤立的，所以在治理这三种污染时一定要从整体上把握污染的形成机理，做到标本兼治。室内环境污染的具体内容见图1-2。

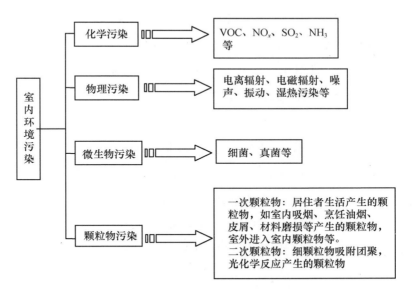

图1-2　室内环境污染的具体内容框架

对于颗粒物污染，一次颗粒物是指排放出就是颗粒物，如燃煤和汽车尾气的排放就有颗粒物的存在，包括金属氧化物颗粒、碳颗粒等，建筑扬尘、汽车行驶带起的尘埃等。工业生产排放的二氧化硫（SO_2）、氮氧化物（NO$_x$）、有机挥发性气体（VOC），汽车和燃料燃烧排放出燃烧不充分碳氢化合物气体，建筑涂料排放的挥发性气体（VOC）等都可能经过化学物理变化形成二次颗粒物，成为 PM$_{2.5}$ 细颗粒物。空气中存在大量的自由基。所谓自由基，通俗讲就是空气中存在的羟基、化学污染物，经过物理或光化学作用形成具有强氧化作用的化学基团。空气中的自由基对二次细颗粒物的形成起到关键作用。这些室外颗粒物会进入室内，造成室内空气污染。颗粒物极有可能吸附细菌、真菌、病毒等形成一个复杂的污染物颗粒。

二、典型污染物有哪些

污染物的种类很多，后面的章节将具体展开阐述，这里只做简单概述。

（一）典型化学污染

1. 总挥发性有机化合物 TVOC（Total Volatile Organic Compounds）

（1）概述：不同的国家，不同的标准对 TVOC 有着不同的定义。根据我国标准《室内空气质量标准》（GB/T 18883—2002）中关于总挥发性有机化合物的定义，是指利用 Tenax GC 或 Tenax TA 采样，非极性色谱柱（极性指数≤10）进行分析，保留时间在正已烷和正十六烷之间的挥发性有机化合物。

（2）常见种类：由数十种到上百种不同的物质组成，主要由脂肪族碳水化合物和芳香族碳水化合物组成。例如，醇类、甲醛、甲苯、四氯化碳等，主要对人体的呼吸器官和神经器官有影响。

（3）特点：虽然 TVOC 中单独一种成分的浓度不高，但是多种微量 VOC 的共同作用则不可忽视，长期受到这些物质的低剂量危害，对人体的危害很大，能产生头痛、恶心等症状。

（4）建筑中的来源：涂料、各种漆、胶粘剂、阻燃剂、防水剂、防腐剂、防虫剂、各种板材、家具等。

2. 甲醛

（1）什么是甲醛

甲醛属于有机挥发气体（VOC）的一种，其分子结构见图 1-3。甲醛污染具有严重性和特殊性。甲醛（分子式：HCHO）亦称蚁醛，是最简单的醛类，通常情况下是一种可燃、无色具有刺激性的气体。易溶于水、醇和醚。35%～40%的甲醛水溶液叫作福尔马林。

图1-3 甲醛分子示意图

（2）甲醛的作用

甲醛是一种重要的有机原料，主要用于塑料工业（如制酚醛树脂、脲醛塑料——电玉）、合成纤维（如合成维尼纶——聚乙烯醇缩甲醛）、皮革工业、医药、染料等。当甲醛浓度在空气中达到 $0.06～0.07mg/m^3$ 时，儿童就会发生轻微气喘；达到 $0.5mg/m^3$ 时，可刺激人们的眼睛，引起流泪；达到 $30mg/m^3$ 时，会致人死亡。

（3）甲醛存在于哪些地方

室内环境中的甲醛从其来源来看大致可分为两大类：一是来自室外空气的污染，化工工业废气、室外建筑装修排放，可能含有甲醛；二是来自室内本身的污染。甲醛主要来源于人造木板、胶粘剂、涂料等。装修材料及新的组合家具是造成甲醛污染的主要来源。其中装修材料及家具中的胶合板、细木工板、纤维板、刨花板（碎料板）的胶粘剂在遇热、潮解时就会释放出甲醛。天然木材（实木木材）也含有醛类物质，含量与木材的种类相关。我们都知道，不同树种味道不同，就是因为其木质含有的化学物质不同。此外，在纺织品表面处理用的树脂中也含有甲醛，所以纺织品、化纤地毯等也是甲醛的来源之一。

因此，从总体上来说，室内环境中甲醛的来源很广泛，一般新装修的房子其甲醛的含量可超标6倍以上，个别则有可能超标达40倍以上。

甲醛在室内空气环境中的含量和房屋的使用时间、温度、湿度及房屋的通风状况有密切的关系。在一般情况下，房屋的使用时间越长，室内环境中甲醛的残留量越少；温度越高，湿度越大，越有利于甲醛的释放；通风条件越好，建筑、装修材料中甲醛的释放也相应越快。

（二）典型复合污染——悬浮颗粒物与可吸入颗粒物

（1）什么是悬浮颗粒物与可吸入颗粒物

悬浮颗粒物（TSP）主要包括烟气、大气尘埃、纤维性粒子及花粉等，直径在 $10～100\mu m$ 之间。可吸入颗粒物是指直径小于等于 $10\mu m$ 的微粒。

人们通常所说的空气动力学直径小于等于 $10\mu m$ 和 $2.5\mu m$ 的 PM_{10} 与 $PM_{2.5}$ 都是可吸入颗粒物。与其他种类的污染物相比，$PM_{2.5}$ 的危害是最大的。$PM_{2.5}$ 与室内外污染和疾病的发生率有很大的正相关性。

在我国大多数城市中，PM_{10} 是主要的空气污染物之一，特别是北京全年空气污染物中 PM_{10} 占首要污染物的天数接近 90%。有关研究发现，污染越严重的地区，$PM_{2.5}$ 在 PM_{10} 中所占的比例就越大。统计表明，北京地区 $PM_{2.5}$ 与 PM_{10} 的比值年均约为 0.55，由此可以看出 $PM_{2.5}$ 是影响空气质量的决定性因素[8-9]。

应注意：颗粒物污染可能只是有机化合物形成的颗粒物；也可能是无机物——硅酸盐颗粒物、金属氧化物颗粒和盐类，如燃煤烟尘、沙尘等；也可能是有机化合物与无机颗粒物的复合；当然也可能是细菌、真菌、病毒等微生物颗粒物，或与其他颗粒物形成的复合物。颗粒物的污染，随环境的不同而不同。所以，颗粒物的污染应属于复合污染。例如，在城市建筑室内家具上出现的"灰尘"，常常感觉很难用抹布擦除，一方面是细腻，另一方面是具有有机与无机复合污染的特征。

（2）悬浮颗粒物与可吸入颗粒物从哪里来

① 室内来源：人员活动、烹饪、吸烟、装饰装修材料、服装材料、半挥发性有机化合物（SVOC）颗粒等。

② 室外来源：花粉、交通扬尘与刹车片摩擦、生产粉尘、建筑工程扬尘、大气污染二次颗粒物等。

（3）悬浮颗粒物与可吸入颗粒物特点及危害

① 特点：如果按质量统计悬浮颗粒物的粒径分布，就可以知道，大气尘埃中直径小于 $10\mu m$ 的微粒占 72%；工业过程产尘，直径小于 $10\mu m$ 的微粒占 30%；在室内可吸入颗粒物中也以细颗粒为主，几乎都是直径小于 $10\mu m$ 的微粒。

② 危害：可吸入颗粒物可沉积在呼吸道中，造成矽肺和肺癌；直径小于 $2.5\mu m$ 的细微颗粒可以直接进入肺泡。关于颗粒物大小的形象认识见图 1-4。悬浮颗粒物还可能附着细菌和霉菌对室内环境造成复合污染。其他污染的特点及危害将在以后的章节中提到，这里不再赘述。

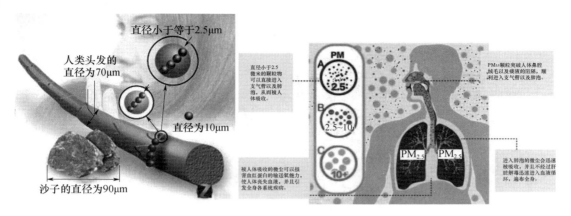

图 1-4　颗粒物的大小与危害的关系

第三节　室内空气污染有哪些特征

一、室内化学污染特征

（一）累积性

室内是相对封闭的空间，其污染形成的特征之一是累积性。积累性主要表现在：室内空间封闭，和外界空气交换较少，从建材与家具及人体排放的污染气体会滞留在室内空气中，使室内空气化学污染物浓度高于室外。对存在污染源的室内最有效的措施就是通风，保持室内空气质量。

（二）长期性

污染的长期性是由于含有化学污染物的材料在温湿度的作用下会缓慢分解、向外扩散，这个分解过程常需要几年乃至几十年。所以，室内污染源释放有害化学气体的时间期限较长，可以达到十几年甚至更长时间。现代都市的人们大部分时间处于室内，即使浓度很低的污染物，长期作用于人体后，也会对人体健康产生不利影响，导致精神萎靡、工作效率下降等，因此，长期性也是室内化学污染的重要特征之一。

（三）多样性

室内化学污染的多样性主要表现在：第一，污染源的多样性，即材料的多样性，如含有胶粘剂的木质板材、胶粘剂、化学塑料装饰物、涂层材料、家具，化学清洁用品等；第二，化学污染物的多样性，如甲醛、氨、苯和甲苯等芳香烃类物质、酯类物质、一氧化碳、二氧化碳、氮氧化物、二氧化硫等酸性气体等可达300多种；第三，人自身活动的多样性，人体自身污染、生活行为污染等。

（四）季节性

化学污染的季节性主要与季节气候相关。在我国温湿度不同的地区和在同一地区的不同季节，化学污染的程度都会随着一年的四季变化而不同。比如，北方的春季，一般是环境温度上升较快而开窗较少的季节，所以室内化学污染较为严重；夏秋季节，由于气候适宜是开窗较多的季节，再加上室内外空气交换较为频繁，温度较高，较适于室内化学污染气体的排出，所以室内的化学污染也最轻；冬季，由于室内密闭，与外界空气的交换较少，再加上室内暖气和人员的活动，就会加重室内化学污染。南方则由于房间四季都经常进行开窗通风而污染相比北方少一些。这些特点都是我们在控制化学污染时需要注意的。

（五）隐蔽性

化学污染的隐蔽性主要表现在：①有的化学物质无色无味不易察觉；②人长期在污染的环境中会对污染气体的气味失去敏感性，意识不到化学污染的存在，却长期受污染的侵害。

二、室内物理污染特征

在我们归纳物理污染的特征时，必须要指出的是，上述化学污染的特征在物理污染中也常常存在。不同的物理污染物，特征不同。其最突出的特征如下：

（一）季节性

湿、热污染是重要的物理污染之一，对于一些气候区域，如夏热冬暖和夏热冬冷地区，就极容易出现湿、热污染。这种污染具有很强的季节性。夏季一些气候区域会出现高温、高湿，人体舒适感下降。

沙尘颗粒物也具有显著的季节性。我国西北地区春季干燥少雨，经常发生沙尘暴，进而影响室内环境。春季也是花粉颗粒物污染最为严重的季节，一些过敏性体质的人群在春季常常会发生皮肤过敏、呼吸道过敏等症状。

此外，电离辐射氡污染也与季节性相关。放射性污染虽然其衰变过程会随着时间的推移逐渐减小，但是其衰变很慢，半衰期很长，不同放射性元素的半衰期不同，一般在几万年乃至几亿年。在一个人一生所处的环境中应该说自然衰减几乎不变；但季节不同、室内外通风情况不同，放射性子体在室内空气中积累不同而有不同的影响。

（二）地域性与区域性

在物理污染中，由于空气的热环境和湿度环境而造成室内的污染具有明显的地域性特点。在我国南方和西南地区夏季高温、降雨量大，湿热污染比较严重，常呈现高温高湿天气影响室内环境舒适性。

沙尘颗粒物污染主要出现在我国北方和西北地区，呈现地域性特征。

此外，除了大的气候区域影响之外，在一些特定人居环境中，噪声污染、电磁辐射污染等都表现出一定区域性。噪声污染主要出现在道路、铁路两侧，及机场附近等。电磁污染可能出现在广播电视发射台和高压线，以及手机通信发射天线附近，由于辐射强度随电磁辐射源的距离呈现出明显的衰减性，所以在选择住宅地点时远离这些地方不失为明智的选择。

（三）隐蔽性

和其他污染物一样，电离辐射和电磁污染也具有隐蔽性。

与噪声、振动这类能明显感受到的物理污染不同，电离辐射和电磁辐射是非常隐蔽的污染。这些都是我们在日常生活中不易察觉的隐患。

电离污染即放射性污染，不仅和地区土壤的放射性本底值强度有关，还和建筑材料有关，我们应关注相关信息，了解相关知识。尤其对于建筑环境来说，消费者应该意识到相关污染的存在。

为避免电磁辐射污染，购房时应选择远离具有辐射源设施地带的居住小区。

居室内的辐射源的电磁污染只要来自家用电器，在使用家用电器时要尽量保持适当距离，要尽量避免将家用电器放到儿童、老人和孕妇的卧室或科学合理布置，保持其与人体适当的距离。

三、室内微生物污染特征

（一）普遍性

微生物的生存伴随着人类的生活。致病性病菌、真菌、病毒，以及螨虫等对人体健康有害，是室内环境的主要污染之一。

在自然状态下，无论室内外，微生物都是广泛存在的。在阳光充足、通风充分的房间里，一般说来室内的微生物不会对人体造成伤害。但是，由于装修材料使房间的密闭性增加，室内的装修材料往往不容易清洗，导致室内微生物在房间内滋生、繁殖。霉菌属于真菌，在繁殖过程中一方面产生霉菌孢子，另一方面繁殖时代谢会产生化学气体，污染空气，会让人身体不适，引起哮喘、皮炎等。由于我国南方地区夏季气温高，湿度较大，持续时间长，所以这些地区霉菌的生长很快；在北方，由于取暖导致的室内外温差较大，内墙面结露潮湿也是造成墙壁发霉的原因之一。

（二）顽固性

由于微生物在自然界广泛存在，家庭中卫生间、厨房等潮湿部位，以及空调和加温器等家用电器都很容易附着上细菌、霉菌等；再加上人体和宠物本身就是一个微生物的储存体，所以要想彻底避免室内的微生物污染比较难，应注意清洁，防止其过度繁殖，影响室内环境。

（三）破坏性

物理污染和化学污染的危害主要是对居住者的伤害，而微生物污染则对人体和建筑物都有损害。比如，过于潮湿在建筑物表面出现的霉菌，是以建筑材料为培养基体的，在繁殖过程中，会导致建筑材料变软、粉末化，性能降低等，这些霉菌不仅破坏了建筑物的美观，还能损坏建筑的主体结构，最终可能导致建筑物使用性能的彻底丧失。

（四）致病性

微生物污染对人体的危害性很强。首先，一些致病菌、病毒在空气中的传播，可以直接使人致病，如呼吸道感染、皮肤过敏等；其次，微生物代谢分解有机物也会产生污染性的化学气体（MVOC），导致人体产生过敏性疾病。

参考文献

［1］施俊，李玲，金波．长期接触装修污染物对男性精液质量的影响［J］．海南医学，2015，9：1318-1320.

［2］钱华，戴海夏．室内空气污染与人体健康的关系［J］．环境与职业医学，2007，24（4）：426-430.

［3］王建英，贾红．急性白血病的环境危险因素分析［J］．现代预防医学，2006，5：809-810.

［4］国家林业局．室内装饰装修材料人造板及其制品中甲醛释放限量：GB 18580—2017［S］．北京：中国标准出版社，2018.

［5］张军成．电离辐射的危害与个人剂量防护［C］//新农村建设与环境保护——华北五省市区环境科学学会第十六届学术年会优秀论文集．石家庄：河北人民出版社，2009.

［6］梅军华．室内氡污染的危害及防治［J］．山西建筑，2009，25：242-243.

［7］张杰，袁寿其，袁建平，等．烹饪油烟污染与处理技术探讨［J］．环境科学与技术，2007，30（9）：80-82.

［8］徐敬，丁国安，颜鹏，等．北京地区 $PM_{2.5}$ 的成分特征及来源分析［J］．应用气象学报，2007，18（5）：645-653.

［9］杨复沫，贺克斌，马永亮，等．北京 $PM_{2.5}$ 浓度的变化特征及其与 PM_{10}．TSP 的关系［J］．中国环境科学，2002，22（6）：506-510.

第二章

室内化学环境的影响因素

第一节　化学环境与化学污染

　　室内化学环境是指由多种化学因素构成的一个复杂的室内环境整体，包括实物化学环境和空气化学环境两个方面。实物化学环境是由化学建材和家具制品构成的表面材料环境，除了通过直接接触人体皮肤影响人体外，主要通过影响空气化学环境对人体产生影响。

　　化学环境问题是现代化工业过程中，排放出的各种化学废物于实物环境（土壤、水、可接触物）和空气环境（大气）威胁人们的健康之后才受到普遍关注的。最早受关注的化学污染主要出现在组织生产的工厂建筑物之中，受到伤害的也主要是在其中生产的人群。时至今日，受到广泛关注的主要是产品在使用过程中排放出有害物质对人体的影响与伤害。近40年来，大量化学装饰材料进入普通百姓的家庭，带来了好的装饰性与使用性的同时，建筑材料也逐渐受到化学污染的影响，必须重视室内装修时各种材料引起的化学污染。

　　室内空气环境的化学污染是指挥发性化学物质存在于空气中形成的污染。一般来说，挥发性的化学污染物，指的是在常温下容易挥发、扩散的化学污染物质。它主要包括甲醛、苯系物、酯类、氨气、二氧化硫、氟利昂、卤代烃等多种挥发物。化学污染物的种类繁多，目前已经鉴定出的挥发性有机化合物就有900余种。按其化学结构的不同，可以进一步分为烷类、芳烃类、脂肪烃类、含氧烃类、烯类、卤烃类、醛类、酮类、酯类等。

一、总挥发性有机化合物（TVOC）的定义

由于空气中的挥发性有机化合物的种类繁多，目前国际上对于计算总挥发性有机化合物（TVOC）的浓度值范围还没有完全统一。

我国《室内空气质量标准》（GB/T 18883—2002）直接引用了欧盟对TVOC 的定义和计算方法。即利用某种吸附剂采样，用非极性色谱柱进行化合物分离，尽可能多地对保留时间在正己烷和正十六烷之间的所有化合物进行分析和定量（图2-1）。在这个方法中需要至少计量 10 种已定性和定量的组分，还要用甲苯定量未鉴定组分浓度，将上述二者浓度之和定为 TVOC浓度值。

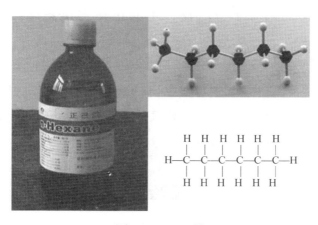

图2-1 正己烷

世界卫生组织（WHO，1989）对总挥发性有机化合物（TVOC）的定义是：常温下以蒸发形式存在于空气中，其饱和蒸汽压大于 133.3Pa、沸点在 50～260℃之间的一类有机化合物为挥发性有机化合物。这些挥发性有机化合物的总称为总挥发性有机化合物。（注：1 个标准大气压大约为101.325kPa）

美国：美国试验材料协会（ASTM）D3960—98 标准将 VOC 定义为任何能参加大气光化学反应的有机化合物。联邦环保署（EPA）的定义：挥发性有机化合物是除 CO、CO_2、H_2CO_3、金属碳化物、金属碳酸盐和碳酸铵外，任何参加大气光化学反应的碳化合物。这种定义是从对空气影响质量的角度来考虑的，因为有机污染物会在大气中参与光化学反应，进行演化，

进一步形成其他污染物，如 $PM_{2.5}$，造成空气污染的重要因素。事实上，人类活动产生的空气污染，也只有通过光化学作用进行演化，在空气中或通过水体循环进入土壤后再经过物理、化学与微生物作用最终无害化。自然界的这种能力是有限的，也就是说环境的承载力是有限的，存在环境对污染容纳降解无害化的最大容量。我国目前的雾霾天，就是排放超过环境容量，最终影响到了空气质量。

国际标准化组织（ISO）：有关色漆和清漆通用术语中的 VOC 的定义是：原则上，在常温常压下，任何能自发挥发的有机液体和/或固体。

由此可以看出，由于世界各国的环境、科技、政策等方面发展的差异，为了适应各自对室内环境保护的不同需要，对 TVOC、VOC 等概念的表述也各不相同。美国对 TVOC 的定义包含面更广，ISO 定义应该说更加贴近实际。

室内化学污染的来源十分广泛，主要包括建筑主体材料和装修材料、颜料、化妆品、清洗剂，甚至不正确地使用炉灶都会产生对人体有害的挥发性化学物质。因此，我们有必要对化学污染的来源加深认识，在房屋的装修翻新以及日常生活中加强防范意识，减少这些有害物质的产生。当然最重要的还是作为专业机构的建筑和装修企业，一定要从对居住者的身体健康负责的高度来认识这个问题。

二、所谓"绿色装修"能排除掉污染吗

在当今的科技水平条件下，完全不含有害化学物质的装修材料是很少的。由于现代建筑装饰材料的技术发展日新月异，人们对建筑装饰在环保方面提出的要求也越来越高，越来越多的人开始尝试"绿色装修"和"健康装修"。

目前，社会上或建筑业内普遍提倡所谓"绿色装修"，究竟什么是绿色装修，没有统一概念。笔者认为"绿色装修"着重关注材料的绿色化、施工的绿色化。所谓材料绿色化是指材料具有很好的环保性，污染小（不会影响人体健康）或不产生污染；施工的绿色化，应是指施工过程快捷、材料节约、环境污染小。绿色装修还没有关注到材料在使用过程中产生的有益居住者身体舒适健康的效应，对以人为本的关注不够。准确地说，"绿色健康装修"应是装修的较高境界。装修除了应节约资源、清洁生产，还应

更多地关注室内环境的健康。即除了要求材料不产生污染或产生的污染小，满足室内安全需求；还应该要求材料具有特定的功能性，能够对人的健康有好处，改善环境。

"绿色健康装修"应是人们针对当前室内化学污染日趋严重的形势而采取的科学理性的装修手段。然而由于我国现阶段与发达国家在建筑领域技术和理念上的差距以及各自对"绿色健康装修"的不同理解，迄今为止还没有一个所谓的"绿色健康装修"的明确的学术概念。一般说来，"绿色健康装修"是指采用简洁实用的设计，充分考虑室内使用的灵活性与可变性，选用环保、健康型的材料，在施工时贯彻清洁生产的思想，有效减少空气污染，提高原材料利用率，减少环境负荷，并能够一定程度上改善居住环境有利于居住者健康的装饰装修。虽然从短期的成本核算来看，绿色健康装修未必比普通装修节省成本，但是从发展的眼光来看，绿色健康装修对资源保护、人民的身体健康等方面所节省的巨大环境成本和社会成本是普通装修无法比拟的。

为了维护人民群众的身体健康，我国制定了《民用建筑工程室内环境污染控制标准》（GB 50325），2020 修订版已经发布。这是强制性的国家标准，在对民用建筑工程竣工验收的时候，都要根据国家相关规定对室内环境污染物（甲醛、氨、苯、TVOC）的浓度进行限量做出明确规定，作为整个建筑质量的重要指标进行考察。但是，该标准还存在一定的问题，测试环境条件对测试结果会产生很大的影响。这个标准对装修质量的控制起到积极作用，但不能彻底消除室内化学污染。

第二节　空气化学污染物来源详细谈

一、室内空气化学污染有多可怕

在第一章中我们已经对室内化学污染的特征进行了说明，下面的内容是对第一章相关内容的细化与补充。

（一）成分复杂

室内化学污染物的种类很多，不同建筑的室内化学污染物的种类和浓度存在差异。除了甲醛、苯、甲苯、二甲苯外，对单一污染物逐一进行检测成本较高，通常都是采用总挥发性有机化合物（TVOC）浓度来表示室内空气总污染水平。应注意：建筑室内污染，在同一气候区域、同一栋建筑物内户型完全相同的情况下可能因装修不同（装修风格与材料的不同）、居住者不同的生活方式，而导致的污染物成分不同，更进一步增加了室内化学污染物成分的差异性和复杂性。

（二）释放源多

室内化学污染物的来源十分复杂，与装饰装修材料、吸烟、日用品、居住者生活习惯等都密切相关。

建筑装饰材料早已不单是陶瓷、原木材、大白石灰等，已研究制造出各种性能优良的有机材料或复合材料，与传统建筑材料相比具有轻质、高耐久性、优异的装饰性和特殊性能。

材料化学成分和生产工艺不同，可能产生的有害物质成分和产生机理也千差万别，比如，装饰材料、胶粘剂、防水材料、家具等。

以涂料为例，其有许多种，用到多种原材料，包括树脂、颜料、填料、助剂和溶剂等。

过去我们把家具涂刷用的涂料称为"油漆"，通常是油性漆或溶剂型漆。涂料是一个更大范围的概念，包括所谓的油漆、水性漆、建筑涂料（有的称墙面漆）等。涂料大致可分为墙面漆、木器漆和金属漆3类，按照不同的用途和成分有不同的分类方法。

许多装饰用品和家居用品为塑料基复合材料制品。日用品种类更多，如洗漱、家居、炊事、装饰、化妆、床上用品等，这些都可能导致各种污染，呈现复杂性。

（三）危害严重

室内化学污染不容易消除，有的化学污染还能诱发居住者神经系统和免疫系统异常，损伤生殖功能，甚至致癌。

前面提到过，甲醛和苯系物等都是国际上公认的可疑致癌物。环境中还存在其他污染，有的室内空气化学污染物被称作"环境荷尔蒙"。

美国人 Theo Colborn，Dianne Dumanoski 和 John Peter Meyers 的著作《我们被偷走的未来》(*Our Stolen Future：Are We Threatening Our Fertility，Intelligence，and Survival—A Scientific Detective Story*) 于 1997 年 3 月 1 日出版。该书描述了化学污染对人类繁衍的威胁，将一些影响生育的化学物质称为"环境荷尔蒙（Environmental Hormone）"。这样的描述不是危言耸听，除了工作方式、体力劳动减少等因素的影响外，化学环境确实影响着人类的生育能力，尤其是城市居民，生育困难已是现状。

环境荷尔蒙是一类外源性合成化合物，包括环境污染物、工业化学物、农药以及天然植物化合物等。以食物、直接接触和吸入的方式进入人体。可以通过模拟或阻断内源性雌激素，刺激或抑制激素的生物效应，干扰激素合成、运转及清除等生物过程；或改变神经、免疫和内分泌系统的正常调控功能，对人类健康造成危害。

在室内装修材料中能成为环境荷尔蒙的来源主要有塑料树脂原料的产品，例如：苯乙烯、双邻苯二甲酸盐、塑化剂中的 DEHP［DEHP 化学名叫邻苯二甲酸二（2-乙基）己酯，是一种无色、无味液体］等；还有在施工过程中经常使用的表面活性剂也会成为环境荷尔蒙的来源。对于高分子塑料制品，其成分中可能存在塑化剂，应该引起重视。在我国的相关标准《玩具及儿童用品中特定邻苯二甲酸酯增塑剂的测定》（GB/T 22048—2015）（等效于国际标准 ISO 8214-6：2014）规定了玩具及儿童用品中邻苯二甲酸二丁酯（DBP）、邻苯二甲酸丁苄酯（BBP）、邻苯二甲酸二（2-乙基）己酯（DEHP）、邻苯二甲酸二正辛酯（DNOP）、邻苯二甲酸二异壬酯（DINP）和邻苯二甲酸二异癸酯（DIDP）6 种邻苯二甲酸酯增塑剂的测定方法。强制性国标《玩具安全 第 1 部分：基本规范》（GB 6675.1—2014）增加了上述 6 种增塑剂的要求。该 6 种塑化剂限量值前三种邻苯二甲酸酯增塑剂总和应小于 0.1%；后三种邻苯二甲酸酯增塑剂总和也应小于 0.1%。该限量值与欧盟的现行规定等同。

《食品中邻苯二甲酸酯的测定》（GB/T 21911—2016），规定了 16 种邻苯等塑化剂的测试。食品对邻苯二甲酸酯等塑化剂也有相关标准规定，这里不再赘述。

国外标准《室内空气 第25部分：建筑产品半挥发性有机化合物的排放测定 微室法》（DIN ISO 16000-25-2012）及《室内空气 第25部分：微腔法测定建筑产品中半挥发性有机化合物的挥发性》（NFX43-404-25-2011）针对建筑制品中半挥发性有机化合物SVOC进行了规定。目前国内对相关建材制品中SVOC的规定还不多，《绿色产品评价 涂料》（GB/T 35602—2017）规定了上面6种邻苯二甲酸酯、禁用偶氮染料、烷基酚聚氧乙烯醚、多氯萘等多种SOVC的含量限制。

近几十年来，人类生殖健康受到严重威胁都与环境荷尔蒙的广泛分布有密切关系。主要表现在男性精子质量下降，精子数量减少，不育率增高，性腺发育不良，先天畸形增多；女性则出现月经周期紊乱，绝经期提前，性欲和性行为异常。目前，已经有了关于环境荷尔蒙影响到下一代的报道。例如，在日本千森里等地发现，在胎儿期受到环境荷尔蒙影响的人生育的孩子，其精子量减少、生殖器官异常。结合我国近年来在城市中不断出现的不孕不育群体和家装后患病的白血病儿童的报道，可以看出化学污染对人体的巨大危害[1-3]。

虽然当前的科学技术还不能全面解释环境荷尔蒙带来的危害，但其对人类生殖健康的影响是显而易见的，这也是21世纪人类健康所面临的重大挑战之一，甚至可能威胁到人类自身的生存和繁衍。

二、化学污染主要来源详细说

下面就化学污染的主要来源进行分析，找到污染的根源就可以为污染的防控找到有效途径。一般来说，化学污染主要有以下几个方面：

（一）建筑装饰装修材料

1. 人造木质复合板材——人造板

人造板有刨花板、密度板、细木工板等多种。由于价格低廉，现代普通民众的家装中大量使用人造板材。这些板材都是由木料与胶粘剂压制而成，随着时间的推移，胶粘剂中的醛类等有害物质会逐渐向室内释放。胶粘剂是主要的成型粘接材料，常用胶粘剂有脲醛胶、异氰酸酯胶，近年来美国发展了大豆胶。脲醛胶具有成本低、粘接性能好的优点，目前也是我国主要的人造板材选用的胶粘剂；但是其缺点是易分解会将缩合的甲醛释放出来污染环境。异氰酸酯胶粘剂环保性比较好，成本是脲醛胶的 3 倍以上。大豆蛋白胶是不含甲醛的胶粘剂，环保性好，但在我国还没有形成大的规模产业。

2. 装饰或建筑管件塑料

在现代装饰中装饰塑料也是常用的家装材料之一。由于设计、施工和选用材料的不合理，有的装饰塑料会在阳光等室内外温差的反复作用下产生化学变化，逐渐硬化。比如热固性树脂塑料，这类材料一旦受热即变软，内部相邻的分子相互连接而逐渐硬化成型。不仅在生产加工生产过程中会有有害物质释放，在使用过程中也可能会释放对人体有害的气体。装饰塑料中含有的有害物质种类：甲醛，挥发性有机化合物，苯、甲苯和二甲苯，氨，游离甲苯二异氰酸酯（TDI），氯乙烯单体，苯乙烯单体，可溶性的铅、镉、铬、汞、砷等有害元素等（表 2-1）。

表 2-1　常用建筑装饰塑料的特性与用途

名称	特性	用途	添加剂及其可能释放的有害物质
聚氯乙烯（PVC）	耐化学腐蚀性和电绝缘性优良，力学性能较好，难燃，但耐热性差	有硬质、软质、轻质发泡制品。制作地板、壁纸、管道、门窗、装饰板、防水材料等，是建筑工程中应用最广泛的一种塑料。在生产建材中往往会添加矿物填料碳酸钙	（1）塑料中添加剂种类繁多：塑化剂、着色剂、热稳定剂、润滑剂、抗氧剂、抗静电剂、光稳定剂、阻燃剂等许多添加剂。（2）除了分子量较小游离单体可能挥发外，其添加剂可能会释放醛类、VOC 和 SVOC。例如酚醛树脂会释放苯酚和甲醛。（3）可能还含有重金属。例如：热稳定剂，常用的有铅盐、复配型金属盐、有机锡
聚乙烯（PE）	柔韧性好，耐化学腐蚀性好，成型工艺好，但刚性差，易燃烧	主要用于防水材料、给排水管道、绝缘材料等	
聚丙烯（PP）	耐化学腐蚀性好，力学性能和刚性超过聚乙烯，但收缩率大，低温脆性大	主要用于管道、容器、卫生洁具、耐腐蚀衬板等	
聚苯乙烯（PS）	透明度高，机械强度高，电绝缘性好，但脆性大，耐冲击性和耐热性差	主要用于制作泡沫隔热材料，也用来制作灯具平板顶等	

名称	特性	用途	添加剂及其可能释放的有害物质
工程塑料（ABS）	具有韧、硬、刚相均衡的力学性能，电绝缘性和耐化学腐蚀性好，尺寸稳定，但耐热性、耐候性较差	主要用于生产建筑五金和各种管材、模板、异形板等	
有机玻璃（PMMA）	有较好的弹性、韧性、耐老化性，耐低温性好，透明度高，易燃	主要用于采光材料，可替代玻璃但性能优于玻璃	
酚醛树脂（PF）	绝缘性和力学性能良好，耐水性、耐酸性好，坚固耐用，尺寸稳定，不易变形	生产各种层压板、玻璃钢制品、涂料和胶粘剂	（1）塑料中添加剂种类繁多：塑化剂、着色剂、热稳定剂、润滑剂、抗氧剂、抗静电剂、光稳定剂、阻燃剂等许多添加剂。（2）除了分子量较小游离单体可能挥发外，其添加剂可能会释放醛类、VOC和SVOC。例如酚醛树脂会释放苯酚和甲醛。（3）可能还含有重金属。例如：热稳定剂，常用的有铅盐、复配型金属盐、有机锡
不饱和聚酯树脂（UP）	可在低温下固化成型，耐化学腐蚀性和电绝缘性好，但固化收缩率较大	主要用于生产玻璃钢、涂料和聚酯装饰板等产品	
环氧树脂（EP）	黏结性和力学性能优良，电绝缘性好，固化收缩率较低，可在室温下固化成型	主要用于生产玻璃钢、涂料和胶粘剂等产品	
有机硅树脂（SI）	耐高温、低温，耐腐蚀，稳定性好，绝缘性好	用于高级绝缘材料和防水材料	
玻璃纤维增强塑料（又名玻璃钢，GRP）	强度特别高，质轻，成型工艺简单，除刚度不如钢材外，各种性能均很好	在建筑工程中应用广泛，可用作屋面材料、墙体材料、排水管、卫生器具等	

3. 涂料

涂料的种类很多，是涂于物体表面能形成具有保护、装饰或特殊性能（如绝缘、防腐、标志等）的固态涂膜的一类液体或固体材料的总称，包括溶剂型涂料、水性涂料、粉末涂料。按照使用对象不同可将涂料分为：建筑涂料（内墙和外墙涂料）、家具木器涂料、金属防腐涂料、汽车涂料、工业机械涂料等。使用对象不同，涂料成分差别很大，其污染性和危害性差别也很大。

涂料的发展方向是：油性（溶剂型）向水性，水性向粉体化发展。

涂料作为家庭装修的主材之一，在装饰装修中占的比例较大。家居用涂料的环保性直接影响到居室的环境，有时甚至会对人体的健康产生极大的危害。

溶剂型涂料，目前多用于家装中木制家具或装修的涂饰，其污染来源于溶剂（常用溶剂：酯类、醇类、酮类、苯类、溶剂油等），溶剂的快速释放有利于室内的尽快居住，但有的劣质溶剂性涂料溶剂含量高，且挥发慢，对环境污染严重。水性木器涂料趋于成熟，但价格因素是其难以快速推广的原因之一。

建筑墙面涂料目前以水性涂料为主；环保性差的水性墙面涂料，也存在有机挥发物（VOC）含量大，长时间挥发，污染时间长的问题；同时，水性乳胶涂料中存在酯类成膜助剂半挥发性有机化合物（SVOC），挥发速率慢对环境危害时间长。

4. 壁纸与壁布

壁纸是一种用于裱糊房间内墙面的装饰材料，分为很多种。按照面层材料的不同，壁纸可以分为纸基纸面壁纸、PVC壁纸、织物面壁纸等；按照外观的不同，可以分为印花壁纸、压花壁纸、发泡（浮雕）壁纸等；按照功能的不同，可以分为一般装饰性壁纸和有特殊功能和效果的壁纸；按照施工方法的不同，可以分为现裱壁纸和背胶壁纸两大类等。

壁纸以其具有的色彩多样、图案丰富、价格适宜、耐脏等优点得到大多数消费者认可，但是环保质量不过关的壁纸可能会在使用中产生对人体有害的物质。例如树脂类壁纸和PVC类壁纸，由于这两类壁纸是由高分子聚合物制作而成，在环境的光、热作用下就有可能挥发出对人体有害的TDI（甲苯二异氰酸酯）和DEHP（邻苯二甲酸二-2-乙基己酯），这些物质对人体都会产生巨大伤害，是我们进行家装时必须要注意的问题[4-5]。

此外，使用壁纸，胶粘剂必不可少，它是最易带来污染的材料；如果基层强度低，随着时间的推移容易出现鼓泡、剥离等问题。

考虑到室内的环保性与健康性，应尽量选用纸基壁纸和织物基面壁纸，增加墙面的透气性。经常高温高湿度的环境不适合使用壁纸。

值得注意的是，在一些软、硬包工程中布料是经常用的材料。壁布的透气性好，但不意味着没有污染。布料要印染、要改善表面性能，"后整理"是常用工艺，也就用化学树脂进行表面处理，污染是不可回避的。在工程实践中检测发现，一些印染的壁布会挥发出甲醛气体。

5. 黏结剂

根据《建筑材料词典》（马眷荣主编，化学工业出版社 2003 年 1 月第 1 版）中的定义，胶粘剂，又名黏合剂、黏结剂等，简称胶。一种起粘接作用，能将两种或两种以上同质或不同质的材料连接在一起，并具有一定强度的物质。胶粘剂可按多种方法分类，如按化学成分可分为有机胶、无机胶和复合胶，前者又可分为天然胶和合成胶。

建筑黏结剂在家庭装修中的应用十分广泛，由于其低廉的价格，在室内的墙面批嵌、墙地砖的粘贴等方面都有广泛应用。但是在家装中常用的黏结物质如热固性树脂（脲醛树脂）、合成橡胶等会在固化的过程中经过光照、冷热交替等作用后发生不同程度的结构改变，产生挥发物，而成为室内化学污染的来源之一。例如：以聚乙烯醇为主要原材料的 107 胶、801 胶，由于是通过聚乙烯醇与甲醛进行缩合反应制成，使得在使用这类产品时会不断地向室内释放游离的甲醛。因此，在使用时必须严格遵守施工规范以确保居住者的健康。

在一些工装工程中，空调管道和热水管道要做绝热处理，常用的措施是表面粘贴橡塑泡沫板或玻璃丝绵板。在粘贴橡塑泡沫板时，所用的溶剂型专用"胶水"具有大量的苯系物挥发溶剂，污染性极强。在软硬包中的胶粘剂，目前工程中常用的是"AB 胶"，污染性极强，且污染物挥发速度慢。AB 胶是双组分胶粘剂的叫法。市售有丙烯酸、环氧、聚氨酯等成分的 AB 胶。工厂使用时为区别常规的大听装（1kg 或 2kg 组套装）环氧树脂将牙膏管装的简称为 AB 胶（包装盒上的醒目名称）。A 组分是丙烯酸改性环氧或环氧树脂，或含有催化剂及其他助剂；B 组分是改性胺或其他硬化剂，或含有催化剂及其他助剂。其中的挥发性组分污染环境。

此外，一些硅酮结构胶，玻璃胶中也含有比较高的 VOC，在内装中也是重要的污染源。虽然用量小，但污染性大。硅酮胶是一种类似软膏，一旦接触空气中的水分就会固化成一种坚韧的橡胶类固体的材料。硅酮的主要成分是聚二甲基硅氧烷、二氧化硅等。硅酮结构中硅和氧构成双键的碳被硅代替。国家标准《硅酮和改性硅酮建筑密封胶》（GB/T 14683—2017）中新增加规定了烷烃增塑剂成分未检出。硅酮玻璃胶从产品包装上可分为单组分硅酮胶和双组分硅酮胶。单组分的硅酮胶按性质又分为酸性胶和中性胶，酸性胶主要用于玻璃和其他建筑材料之间的一般性粘接；而中性胶克服了酸性胶腐蚀金属材料和与碱性材料发生反应的特点，应用范围更广，价格比酸性胶稍高。

为了说明污染材料的多样性，本书列举了中国建筑材料科学研究总院绿色建材国家重点实验室对某工程所用材料，在洁净密闭舱中放置一定量的材料（腻子、涂料、胶粘剂均经涂刷干燥后）密闭 24h 后，检测舱中甲醛和 TVOC 的检测结果见表 2-2。需说明的是，绝对没有甲醛释放的材料很少，甲醛释放量低于 0.001mg/m³ 的材料均是环保性好，不会造成严重污染的材料。大部分的材料均有 TVOC 的释放。尤其是胶粘剂类，这种测试中污染物的释放并不是施工时的释放，而是在干燥后仍然有严重的释放。在选择材料中，对 VOC 释放判别最为有效的方法是"闻味"，如果闻着有味道 VOC 挥发一定高。但是仅靠闻味是不能判断有无有害物质释放。比如甲醛就不能通过"闻"来发现其存在，除非浓度非常高才可能有刺激性气味。

表 2-2　某工程选用材料的污染物释放测试

编号	样品名称	24h 有害物质散发		说明
		甲醛（mg/m³）	TVOC（mg/m³）	
1	岩棉板（环保型，生产用非酚醛胶粘剂）	0.036	0.106	无机材料，生产用环保胶粘剂仍有污染物释放
2	铝箔贴玻璃棉板（环保型）	0.033	0.425	TVOC 较高，仍对环境有影响
3	铝箔胶带	0.023	0.872	TVOC 较高，会造成污染
4	环保铝箔胶带	0.002	0.243	仍有释放，但较低
5	铝箔玻璃棉通风管	0.026	0.575	TVOC 较高，会造成污染
6	玻璃棉	0.063	0.287	有 TVOC 释放
7	壁布	0.093	0.118	甲醛和 TVOC 均有释放，可能造成污染
8	E1 级木质阻燃板	0.152	0.557	甲醛和 TVOC 释放量较大
9	E0 级木质阻燃板	0.090	0.122	甲醛和 TVOC 释放量较小
10	漆面环保木质门	0.003	0.918	木门普遍采用贴面，芯材可能甲醛散发量高，但经过表面贴皮密闭后甲醛散发量减少，TVOC 会增加

编号	样品名称	24h 有害物质散发		说明
		甲醛 （mg/m³）	TVOC （mg/m³）	
11	中性硅酮耐候胶	0.104	2.218	TVOC 释放量大
12	中性硅酮结构胶	0.085	3.308	TVOC 释放量大
13	收边胶	0.032	0.744	TVOC 释放较高
14	免钉胶	0.006	1.812	TVOC 释放较高，但用量极小
15	内墙环保腻子粉	0.003	0.065	污染物释放量很低，不会造成室内空气污染。但应注意外墙腻子和膏状腻子的污染物释放可能会高
16	高级环保内墙乳胶漆	0.001	0.015	污染物释放量很低，不会造成污染。但应注意，低端涂料会造成污染
17	硅藻泥装饰壁材	0.001	0.001	污染物释放量极低，不会造成污染
18	水性防锈漆	0.057	5.798	会造成室内污染，污染程度决定于用量
19	橡塑保温板	0.001	1.306	TVOC 释放量大
20	橡塑板材专用胶	0.066	5.652	TVOC 释放量很高
21	化学纤维块毯	0.003	0.263	环保的纤维块毯仍然有 TVOC 释放
22	PVC 塑胶地板	0.032	1.703	TVOC 释放量大
23	瓷面防静电地板	0.046	0.332	有 TVOC 释放，来源于胶粘剂

注：1. 该表中的产品为了保护企业隐私没有给出品牌，但都是实际检测结果；

2. 甲醛浓度 0.001mg/m³ 基本可视为不含有甲醛污染。

（二）家具的污染性不会小于装饰材料

家具主要指床、柜、桌、椅等，除了具有使用功能外还与室内环境的质量有着密切关系。

家具是室内化学污染的一个重要来源。传统意义上的家具主要材料的原材料是木材和漆料，但现代家具原材料除了木质材料之外，还使用大量的胶粘剂和高分子树脂材料以及漆料，成分复杂。在木材加工中常将大量的边角、碎料、木屑等经过再加工，制成各种人造板材，其主要材料增加了胶粘剂。此外，新型的木塑、石塑复合材料也成为替代木材的发展方向。

纤维复合材料通常都是将植物纤维粉碎、浸泡、碾磨等工序，再加入一定的胶粘剂或有机树脂，经过热压成型等工序最后完成。虽然作为木质纤维一般不会释放出对人体有害的物质，但是在制作过程中由于加入了胶粘剂或高分子树脂等化学物质有可能危害人体健康。

此外，由于我国现阶段在市场监管方面的漏洞，市场中优胜劣汰的机制不健全，以及社会诚信问题，使得有的家具生产企业在生产家具时用了大量不符合国家标准的板材与粘接材料，导致家具在使用过程中不断有大量的有机挥发化合物释放，造成室内空气污染。

为了使家具更加美观，有更长的使用寿命，常在家具的制作过程中使用溶剂型木器涂料。溶剂型木器涂料虽然具有涂膜坚硬、附着力强、耐热性好、抗化学腐蚀等优点；但是由于溶剂型木器涂料中含有苯系化合物、游离 TDI（甲苯二异氰酸酯）、酯类物质等对人体有害的物质，在使用时还能挥发出，并且挥发周期很长。

例如，常用的硝基漆主要成膜物是以硝化棉，配合醇酸、丙烯酸、改性松香和氨基树脂等；常用邻苯二甲酸二丁酯、二辛酯、氧化蓖麻油等作为增塑剂；溶剂主要有酯类、酮类、醇醚类等真溶剂，醇类等助溶剂以及苯类等稀释剂。它具有很强的 VOC 污染性。

因此，国家在 2001 年就出台了《室内装饰装修材料—溶剂型木器涂料中有害物质限量》（GB 18581—2001）强制性标准，这个标准已被《木器涂料中有害物质限量》（GB 18581—2020）所替代。国家在 2004 年将溶剂型木器涂料产品列为建材类首批实行国家强制认证（3C 认证）的产品之一，需要注意的是，即使是 3C 认证产品，只是产品的有害物质低于一定的量，也会释放出对人体有害的挥发物。

水性木器漆替代溶剂型木器漆在发展，但并不一定无污染，只不过对大气污染程度有所降低，如果污染物缓慢释放仍然对使用者的身体健康有害。

在我国现有的标准体制下，常常只针对单种装修装饰材料的环保性能进行检测。检测合格即可以进行使用。这样做的直接后果是，即使单项检验合格的产品，也会由于在装修中，过量使用或使用多种材料而使挥发物累积，造成室内总体化学污染超标。因此，在满足基本使用功能的前提下，减少释放挥发物建材的使用量是根本的解决办法。在政策层面上，国家应支持集成污染控制的力度，制定更合理的产品标准和装饰装修污染控制规范。

（三）人也在污染自己

人就像一台内燃机，体内新陈代谢会"燃烧"摄入到体内的有机物产生能量和排泄出污染物。

人体呼出的气体主要成分是 CO_2。每个成年人每小时平均呼出的 CO_2 大约为 22.6L。此外，伴随呼出的还有氨、二甲胺、二乙胺、二乙醇、甲醇、丁烷、丁烯、二丁烯、乙酸、丙酮、氮氧化物、一氧化碳、硫化氢、酚、苯、甲苯、二硫化碳等。其中，大多数是体内的代谢产物，另一部分是吸入后仍以原形态呼出的污染物。对于室内狭小和人员比较集中的家庭要格外注意室内 CO_2 升高对人体健康的危害，要经常保持室内的通风换气等。

人在吃食物时，由于消化道正常菌群的作用，产生了较多的气体。这些气体，随同肠蠕动向下运行，由肛门排出。主要成分包括氮气、二氧化碳，还有少量甲烷、氧气、氢气，产生臭味的是氨、吲哚、粪臭素、硫化氢等恶臭气体。

人体腺体分泌第一章已经谈到过，人体有许多皮肤腺体，如汗腺，也会排放代谢产物。所以，在人口密集的密闭空间也会对环境造成影响。

（四）吸烟知错不改

吸烟产生的污染也是室内主要的污染之一。不同种类的烟草燃烧产生的烟气是不同的，一般认为烟气中的主要有害物质有烟气气相物质中的一氧化碳、氮的氧化物、丙烯醛、挥发性芳香烃、氢氰酸、挥发性亚硝胺等，烟气粒相物质中的稠环芳烃、酚类、烟碱、亚硝胺（尤其是烟草特有的亚硝胺）和一些杂环化合物及微量的放射性元素等，以及气相与颗粒物中都存在的自由基。因此，有吸烟习惯的人不应在卧室内和公共场所吸烟，即使在室外吸烟对周围人也是不友好的行为。尤其应注意避免吸烟对老年人、儿童、孕妇等身体较弱的人产生伤害。

（五）燃烧污染有秘密

燃料燃烧也是室内主要的污染源之一。在城市，日常生活主要以煤气（CO 和 CH_4）、天然气、石油液化气等为主要的灶间能源，在农村以煤和其他燃料为主。不同种类的燃料，甚至不同产地的同类燃料，其化学组成以及燃烧产物的成分和数量都不同。但总体来看，煤的燃烧产物以颗粒物、SO_2、NO_2、CO、多环芳烃为主；液化石油气的燃烧产物以 NO_2、CO、多环芳烃、醛类等为主。液化石油气燃烧颗粒物的二氯甲烷提取物中，含有硝基多环芳烃，这是一种强致癌突变物。此外，某些地区的煤中含有较多的氟、砷等无机污染物，燃烧时能污染室内空气和食物，吸入或食入后，能引起氟中毒或砷中毒。

（六）做饭也会污染室内环境

由于中国人特殊的饮食习惯，每天都要做饭做菜，煎、炸、煮、炒，由此造成的室内空气污染也相当普遍。主要污染物除了 VOC 外，还包括油脂的裂解产物多环芳烃（PAH，属半挥发性有机化合物——SVOC），以及油脂（主要为直链烷烃、脂肪酸、脂肪醇类），更重要的是，烹调产生的油烟不仅含有不清洁的物质，更重要的是其中还含有致癌物质。

（七）清洁用品不清洁

在日常和工作中，我们接触到的化学品，比如化妆品、洗涤剂、清洁剂、消毒剂、杀虫剂、纺织品、油墨等，都有可能散发出有害物质。此外，其他种类的挥发性有机化合物、表面活性剂等，这些也都有可能通过呼吸道和皮肤进入人体。

（八）室内换气有讲究

由于现在的都市越来越拥挤，居民的机动车保有量在不断攀升，再加上一些企业的违规排放，使城市的空气质量受到了极大污染，当我们开窗进行气体交换时，室内空气的污染就不可避免了。所以，当室外污染严重时，不应开窗通风；如果新风系统没有过滤细颗粒物和化学污染物的功能，也不建议开启新风系统。安装新风系统应具有过滤细颗粒物和化学污染气体的能力。

第三节 化学污染物如何分类

前面在分析污染源的同时，已经指出了室内环境的主要污染物。室内环境中的化学性污染物的主要成分有甲醛、苯系物、芳香烃、氨气、二氧化硫、二氧化氮、一氧化碳、二氧化碳、各种酯类物质等，一些污染气体的总和被称为 TVOC。下面就各种化学污染物的性质进行综合分析。

在本书中，按照对室内环境污染影响的大小将污染物大体分为典型突出污染物、半挥发性有机化合物（新引起重视污染物）、燃烧与转化生成一般性污染物和二氧化碳污染，下面将分别加以阐述。

一、典型突出污染物：苯系物、甲醛、TVOC 等

在第一章中我们已经对甲醛进行了阐述，这里只对苯系物和 TVOC 进行介绍。

（一）苯系物

工业上常把苯、甲苯、二甲苯统称为三苯（图 2-2 至图 2-4），在这 3 种物质当中以苯的毒性最大。室内环境中苯的来源主要是燃烧烟草的烟雾、溶剂、油漆、染色剂、胶粘剂、地毯、合成纤维、清洁剂等。甲苯主要来源于一些溶剂、香水、洗涤剂、墙纸、胶粘合剂、油漆等，在室内环境中吸烟产生的甲苯量也是十分可观的。据美国环保署（EPA）统计数据显示，无过滤嘴香烟、主流烟中甲苯含量是 $100 \sim 200\mu g$。二甲苯来源于溶剂、杀虫剂、聚酯纤维、胶带、胶点剂、墙纸、油漆、湿处理影印机、压板制成品和地毯等。

在我们日常生活中常见的皮革衣物、沙发、汽车的座椅等，这些物品都需要皮革柔软剂来进行养护，这些皮革制品和柔软剂也是主要的苯系物污染源。皮革柔软剂的作用原理是通过动物真皮的毛孔，进入皮内，均匀分布于皮内纤维表面，并与皮内纤维适度结合。当这层油脂的厚度达到适

宜的厚度时，皮内纤维表面之间滑动的摩擦力，就相当于油分子之间的摩擦力，因而皮革就会很柔软。虽然这类柔软剂能使衣物变得柔软，不起静电，但是由于其中含有多种对人体有害的化学成分，如果长期使用就会造成头晕、头痛、器官受损，更严重时，还可能损伤中枢神经系统等。汽车中的皮革坐具的主要污染应是皮革柔顺剂。皮革柔顺剂中的苯甲醇可刺激上呼吸道，造成中枢神经系统紊乱，并引起头痛、恶心、呕吐和血压下降等症状。所以，在有老年人和儿童居住的房间中要尽量少用这类产品。

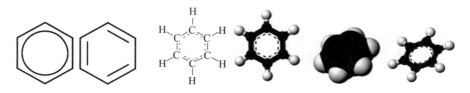

图 2-2 苯分子示意图

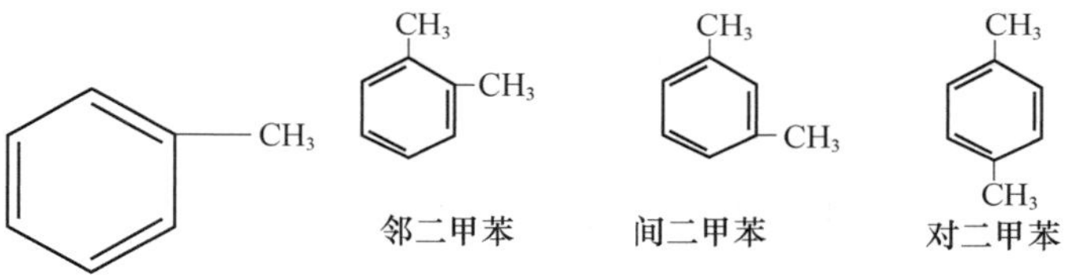

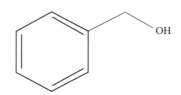

邻二甲苯   间二甲苯   对二甲苯

图 2-3 甲苯结构简式

图 2-4 苯甲醇的物理形态和分子式

（二）总挥发性有机化合物（TVOC）

室内的 TVOC 主要由建筑材料、室内装饰材料、生活用品等散发出来。这是一个多种污染物总和的概念。其中，建筑材料中的人造板材、泡沫隔热材料、塑料板材；室内装饰材料中的油漆、涂料、黏合剂、壁纸、地毯；生活中用的化妆品、洗涤剂等为其产生的主要来源。由于 TVOC 种类多、成分复杂，虽然总体在室内气体中的浓度可能不高，但是即使是长期的低剂量释放，对人体的危害也相当大。其产生的原因主要是因为使用了含有大量有机溶剂的溶剂型涂料以及在装修中使用的各种黏合剂。

此外，家用燃料及吸烟、人体排泄物及室外工业废气、汽车尾气、光化学污染也是影响室内总挥发性有机化合物（TVOC）含量的主要因素。

现在进行室内装修的家庭很多，使用的材料的种类也越来越多。2008年一项对北京 106 户家庭的室内 TVOC 的检测显示，室内 TVOC 的含量会随着装修时间的推移而降低。根据检测得知，装修六个月后的室内 TVOC 的平均含量能降到 $1.09mg/m^3$，基本接近《室内空气质量标准》（GB/T 18883—2002）中 $1.0\ mg/m^3$ 规定的要求[6]。但应注意，这是平均值，家庭的装修并不是说装修半年的空气质量均接近达标值。

我国对溶剂型木器涂料中有机溶剂限量标准《室内装饰装修材料 溶剂型木器涂料中有害物资限量》（GB 18581—2001）是国内溶剂型涂料第一个 VOC 限值的强制性标准，2009 年对该标准修订后，2020 年再修订代替《室内装饰装修材料 溶剂型木器涂料中有害物质限量》（GB 18581—2009）和《室内装饰装修材料 水性木器涂料中有害物质限量》（GB 24410—2009）。本标准以 GB 18581—2009 为主，整合了 GB 24410—2009 的内容，与 GB 18581—2009 相比，主要技术变化见表6-5。

从这个标准的数值要求可以看出，即使符合国家标准要求的溶剂性木器涂料按照 2008 年的标准值要求，即使醇酸漆其挥发物 VOC 都在500g/L，几乎是50% 以上。首先，对施工工人会产生极大的危害，残留挥发物在缓慢挥发过程中会影响居住者的健康。

在有条件的情况下，装修后最好等到室内闻不到味道，确保安全之后再入住，甚至可以请检测机构检测，以减少污染物对人体可能的潜在伤害。入住时间因装修使用含有有害物质材料的种类和量的不同而不同，不能一概而定。

在装修中除了要选择环保材料外，还要注意尽量选择舒适简单的装修风格，避免过度装修造成的室内 TVOC 超标。

家具对室内 TVOC 的浓度有很大的影响。入住前，应在家具配备齐全后再判断室内的污染状况是否严重。装修污染不超标，但新的家具进入后，超标的可能性会非常大。在装修后搬入新居时最好能使用存放时间长的家具，其释放对人体有害的物质可能较小。

二、新引起重视污染物：半挥发性有机化合物（Semi Volatile Organic Compounds，SVOC）

（1）概述

根据世界卫生组织（WHO）对室内有机物的分类原则，SVOC 是指沸点在 240～400℃范围内的有机物，其饱和蒸汽压较低，吸附性很强。空气中大部分致癌物质属于这一类，如多环芳烃类物质，苯并［a］芘、苯并［b］荧蒽、苯并［k］荧蒽、苯并［ghi］芘、十二烷、丙苯、六氯苯、酞酸二甲酯等。这类有机物在大气中主要以气态和气溶胶两种形态存在，组分会随着季节和温湿度的变化而变化。半挥发性有机物能在气相和空气中的固相颗粒物之间形成一定的平衡，部分易吸附在颗粒物上被人体吸入，对人体造成危害[7-8]。

室内 SVOC 的来源十分广泛，包括改善材料某些性能的增塑剂和阻燃剂；室内常用的日常生活用品，如卫生杀虫剂、空气清新剂等。除此之外，吸烟、熏香燃烧、烹饪等也是室内 SVOC 的重要来源。虽然 SVOC 在总体上占可挥发性有机物的量比较小，但是其危害的隐蔽性和长期性并不比其他种类的挥发物差。因此现在我国很多学者都展开了对颗粒物中半挥发性有机物的污染研究。

（2）代表性污染物

在建筑和装饰材料中，SVOC 的污染比比皆是，危害最大的当数 DEHP。DEHP［Di（2-ethylhexyl）phthalate］是邻苯二甲酸二（2-乙基己基）酯的简称，是一种性能优良的增塑剂，普遍应用在 PVC（聚氯乙烯，Polyvinyl Chloride）材料中。由于 PVC 材料在建筑、食品、医疗等各个领域有广泛的应用，这就使得 DEHP 能通过各种途径进入人体。DEHP 的分子式是$C_{24}H_{38}O_4$，结构简式见图 2-5。

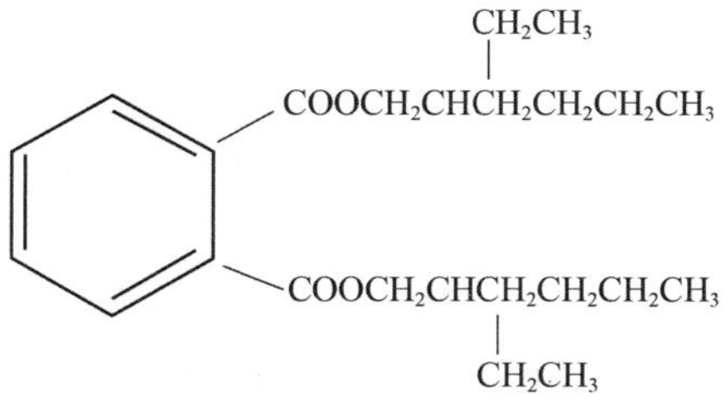

图 2-5　DEHP 的结构式

常温常压下 DHEP 是一种澄清透明的油状液体，具有中等的黏性，难溶于水，易溶于有机溶剂。在塑料中，增塑剂 DEHP 与聚氯乙烯（PVC）

等塑料成分之间是以范德华力、氢键等非共价化学键形式结合的，作用力不大，因此在塑料产品的生产、加工和使用过程中，DEHP 容易受到外界环境因素如温度、使用时间、油脂、pH 值的影响而释放出来，造成对空气、水、土壤乃至食物的污染。最终，它又可能通过各种途径进入人体内。

在室内装修中，我们常用的装饰塑料（PVC）、油漆、黏合剂、填充物，装饰产品中的壁纸、地板都可能含有 DEHP。由于 DEHP 能够有效增强塑料或合成树脂等高分子材料产品的柔韧性和可塑性，提高和改善产品的强度和加工性能，使其耐寒、耐热、变柔、变软、变韧，因而被作为增塑剂广泛用于 PVC 塑料、油漆、涂料、黏合剂等合成树脂产品中。

室内装修后，由于装修材料中大量 DEHP 的挥发，再加上 DEHP 在挥发的过程中与空气中的微生物和可吸入颗粒物相结合，这就更加重了室内环境的污染，其中对儿童的危害最大。由于 DEHP 被人体摄入后，必须在体内停留一段时间才能排出，长期摄入后会发生类雌激素效应，导致人体雌激素或抗雄激素活性上升，对机体产生生殖和发育毒性，并有可能造成人体内分泌失调和免疫力下降，严重的可能会引起肝癌。婴幼儿正处于内分泌系统、生殖系统的生长发育期，DEHP 可能影响其体内的正常荷尔蒙分泌、引发激素失调，影响将来的生育和生殖健康。

目前，国内用于室内装修的聚氨酯涂料的固化剂中，都不同程度地含有游离甲苯二异氰酸酯（TDI）单体，TDI 属于半挥发性有机物，主要用来制作人造橡胶、涂料等，在施工和使用过程中，游离的 TDI 会挥发到空气中，造成室内空气质量下降及危害人体健康。TDI 对人体危害的主要表现是有过敏和刺激作用，长期暴露于此会导致过敏性肺炎和接触性皮炎，长期接触高浓度的 TDI 蒸汽有致癌的可能（图 2-6）。

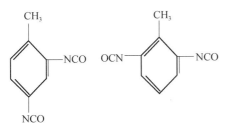

2,4-甲苯二异氰酸酯　　2,6-甲苯二异氰酸酯

图 2-6　TDI 的两种同分异构体

三、燃烧与转化生成一般性污染物：氮氧化物、二氧化硫、一氧化碳等

（一）氮氧化物（Nitrogen Oxides）与二氧化硫（大气环境破坏者）

氮氧化物包括多种化合物，如一氧化二氮（N_2O）、一氧化氮（NO）、二氧化氮（NO_2）、三氧化二氮（N_2O_3）、四氧化二氮（N_2O_4）和五氧化二氮（N_2O_5）等。除二氧化氮以外，其他氮氧化物的性质都极不稳定，在遇光、湿或热的情况下都可以转化成二氧化氮或一氧化氮，一氧化氮又可以转化成二氧化氮，并且氮氧化物都含有不同程度的毒性。

二氧化硫主要来源于工业排放和交通排放，如发电厂含硫煤与柴油与汽油燃烧排放。

无论室内外，氮氧化物和二氧化硫都是引起空气污染的因素之一。在室外主要表现在对大气的污染上。光化学烟雾污染、城市灰霾天气、酸雨等一系列环境问题都与氮氧化物有关。

室内氮氧化物的主要来源是烹饪和取暖过程中燃料的燃烧，此外，吸烟时也可产生氮氧化物。

（二）一氧化碳（最危险的杀手）

室内环境中的一氧化碳主要来源于煤气泄漏和烹饪过程中的不完全燃烧，特别是当炊厨人员在开着煤气灶具的情况下却因故离开厨房，煮沸食物外溢将开着的煤气灶浇灭后，大量煤气直接进入室内必将酿成大祸。室内环境中的一氧化碳还来源于吸烟和取暖设备。一支香烟通常可产生大约13mg一氧化碳，对于透气度高的卷烟纸，可以促使卷烟完全燃烧，产生的一氧化碳量会相对较少。取暖设备产生的一氧化碳也是由燃料不完全燃烧引起的。

四、二氧化碳（损害健康、影响工作学习效率的隐形物质）

二氧化碳是一种在常温下无色无味无臭的气体。人类呼出气和城市的

汽车尾气排放中都有大量的二氧化碳。

我国在室内有害物质含量的描述单位常用质量浓度表示法：每立方米空气中所含污染物的质量数，毫克/立方米（mg/m^3）。大部分气体检测仪器测得的气体浓度都是体积浓度，即体积的百万分数（ppm）。ppm 作为单位已被废弃，多用$\times 10^{-6}$表示。按我国规定，特别是环保部门，要求气体浓度以质量浓度的单位（如 mg/m^3）表示，我国的标准、规范也都是采用质量浓度单位（如 mg/m^3）表示。

室内空气二氧化碳质量浓度在700×10^{-6}以下时属于清洁空气，人体感觉良好；当其质量浓度在$700\sim 1000\times 10^{-6}$时属于普通空气，个别敏感者会感觉有不良气味；其质量浓度在$1000\sim 1500\times 10^{-6}$时属于临界空气，人体开始感觉不适，其他症状开始恶化；其质量浓度达到$1500\sim 2000\times 10^{-6}$时属于轻度污染，超过$2000\times 10^{-6}$属于严重污染；其质量浓度在$3000\sim 4000\times 10^{-6}$时人体感觉呼吸加深，出现头疼、耳鸣、血压增加等症状；当其质量浓度达到8000×10^{-6}以上时就会引起死亡。特别是在学校等人员较密集的地方，这个问题将更加严重，二氧化碳超标会导致人的注意力不集中，记忆力下降等。

在居民住宅中也要注意卧室二氧化碳的浓度问题，特别是面积较小的卧室，要注意室内外的气体交换和室内清洁，以保持室内人员的健康。目前我国现有关于二氧化碳的国家标准是《室内空气中二氧化碳卫生标准》（GB/T 17094—1997），其中的标准值是不超过1000×10^{-6}。世界卫生组织（WHO）对健康住宅中二氧化碳的浓度要求是小于1000×10^{-6}。

第四节　如何预防与控制化学污染

家居装修之所以成为我国现阶段室内化学污染的一个主要来源除了前面所述的原因外，与我国的现有消费观念、市场环境、消费者的环保认知水平和材料与工程违法成本低有关系。

过去我国房屋竣工之后，一般多为所谓的"清水房"或者"毛坯房"。完成了施工的房屋主体建筑，但是无法居住，消费者需要进行装修。由于其装修知识的匮乏和装修施工人员与装修材料都处在一个不可控状态，使得装修后室内空气质量无法得到保障，消费者也不会签署环境保障协议。

现在政策要求精装房，提倡建设能够使消费者"拎包入住"的"精装房"。其既可以减少装修所带来的材料浪费，对室内装修后的质量进行有效管控，在出了室内污染的问题之后又可以进行责任追溯，找到装修方或者材料供应者，最大限度地保护消费者的权益，更好地规范市场。但是，精装房的另一个弊端也脱离不了开发商借机虚高装饰费用，而在装饰设计和材料方面不能满足居住者需求，装饰材料质量整体偏低的问题。重新装修往往又会造成严重的二次浪费。所以，完成装饰装修既不能完全交给开发商，又不能完全靠"马路游击队"，相关机制和政策还值得深入研究。

本节的目的就是为大家能够科学认识室内装修提供参考，使装修后的房子能达到健康舒适性、装饰美观性与经济实用性的有机统一。

由于现在能够用到的装修材料基本上都是能产生一定的对人体有害的化学物质的材料，居住环境被化学物质包围，所以，化学污染的防治和改善措施对每一个人来说都显得极为重要。一般来说，可以从以下几个方面来减少室内装修后的化学污染：

一、你家装修应控制哪些材料的使用量来降低风险

在一般的家庭装修中，业主要根据自己的经济状况和房屋的实际进行装修，坚持"简约、实用、舒适、健康"的原则。"简约"是控制室内空气的有效方法与基础，对每一项材料的把关与环保甄别是实现安全装修的途径。

在装修设计和施工时，要选择真正符合且严于国家标准的建筑材料。即使选用了符合标准的材料，过度装修仍然会造成室内空气污染。其具体措施如下：

（一）木装修应谨慎，最好控制总量

在没有解决人造板材胶粘剂的环保性之前，为了预防无法预知的化学污染应控制木装修的使用量。

木装修一般都会用到细木工板、刨花板等材料，这些材料都是甲醛的

主要来源。目前，我们在制定室内装饰装修材料甲醛释放评价方法相关标准时，根据的是所用材料的甲醛平衡释放量和房间空间体积确定这类材料的使用量，即在装修前就首先依据材料的甲醛释放参数，计算出使用量使得室内空气甲醛不超标。

目前，甲醛污染的预测方法标准已经出台《室内绿色装饰装修选材评价体系》（GB/T 39126—2020），业主可以要求设计公司在选材时，进行室内环境甲醛污染预评估。

应注意，在木装修工程中会用到胶粘剂和木器漆，这些都会把苯、二甲苯、VOC 等有害物质引入室内，给室内环境带来更大的污染风险。

（二）尽量减少软硬包装修或采用绿色环保的软包材料工艺

在软包工程中，布料、皮革、海绵或吸音棉、以及胶粘剂等都可能是污染源。

其中，海绵在阳光照射和温湿度的不断变化中会逐渐老化产生对人体有害的化学物质。笔者在完成某重要工程的装饰装修工程环保控制工作中，发现软包常用的布料、无纺布都有污染物甲醛的释放（表 2-2）。软包所用的吸音棉是环保的潜在威胁，装饰公司为了控制成本可能会选用外保温用吸音棉，而这些吸音棉里可能含有酚醛树脂，形成潜在的污染源。

软包往往会用到大量的胶粘剂，应尽量采用锚固和夹固的工艺进行软包工程。

（三）什么样的墙面装饰材料隐患小且有利于健康

由于墙面和顶面占据着室内最大的面积，其环保性、健康舒适性对室内化学环境的影响较大。墙面和顶面要多用具有一定吸附净化能力的材料，使得装饰材料除了具有装饰效果外，还具有降低室内空气化学污染的作用。

在我国的传统建筑中，"窑洞"的泥土墙面是比较典型的具有良好墙面呼吸性的例子。由于建造窑洞的土壤优良的呼吸性和蓄热性，使得这样的墙体既能够吸附室内污染气体，土壤本身的物理化学性质也会将其中一部分有害物质吸附降解掉，这就大大净化了室内空气。当然，现代建筑不可能直接用泥土，回到过去的落后时代，但科技的进步可以使墙面具有这样的功能。例如，现在市场上出现的"硅藻泥""硅藻涂料"和"无机干粉涂料"都是理想的产品（图2-7）。

图2-7　硅藻泥背景墙

涂乐师硅藻泥

绿森林硅藻泥

春之元硅藻泥

洛迪科技

用过去的密封性很强的涂料，将墙壁和室顶全部变成完全由塑料膜构成的密闭结构，没有呼吸性。不利于污染物扩散、吸附，水分不易与墙体交换的结构肯定会使室内的舒适度大打折扣。

（四）什么样的家具污染小

我国的低端家具多用密度板、刨花板或细木工板制造。胶粘剂是不可回避的，极有可能含有甲醛等挥发物。

高端全木质家具也并不是就没有污染。在实木家具中，常见的有"尺接木"，研究发现裸露的齿接木甲醛释放量也比较高，其原因也主要是胶粘剂；实木家具木材可能没有污染，但是表面漆料是VOC污染的重要来源。前面已经说明，皮革的柔顺剂也是污染源之一。

福湘木业家具

目前，家具的污染可能要胜过装饰材料的污染，所以，家居的污染不可忽视。选择家具时，消费者无法直接判断，闻味道的办法是简单且行之有效的，可以用鼻子贴近漆面闻一闻有无味道，如果有味道必有VOC释放；打开抽屉闻一闻可以判断辅材的污染，如果有刺激性可能是甲醛，有异味就是VOC（扫码可了解相关产品）。

塑料家具有害物质限量标准值要求见表2-3，木家具的有害物质限量标准见第六章。所有家具都存在一定的污染物释放。木家具的挥发物只规定了甲醛，显然是片面的（详见第六章家具标准），家具中的TVOC的释放也非常严重。

表2-3　《塑料家具中有害物质限量》（GB 28481—2012）节选

项目		指标
邻苯二甲酸酯（%）	DBP	≤0.1
	BBP	≤0.1
	DEHP	≤0.1
	DNOP	≤0.1
	DINP	≤0.1
	DIDP	≤0.1
重金属（mg/kg）	可溶性铅	≤90
	可溶性镉	≤75
	可溶性铬	≤60
	可溶性汞	≤60
多环芳烃（mg/kg）	苯并［a］芘	≤1.0
	16种多环芳烃（PAH）总量	≤10
多溴联苯（PBB）（mg/kg）		≤1000
多溴二苯醚（PBDE）（mg/kg）		≤1000

二、哪些材料有利于室内环保、舒适健康

环保功能材料是指在生产过程中充分考虑到环境保护和资源节约，在使用上有耐久性，具有对人体健康有益并能增加室内舒适度的建筑材料。

为了改善室内空气质量，可以在卧室、起居室等位置使用具有净化室内空气质量的功能材料。例如使用对甲醛有吸附净化功能的无机涂装材料——硅藻泥装饰壁材、贝壳粉体装饰材料等。

目前，乳胶涂料也在向功能化发展，强调净化空气和一定的呼吸性。要尽量减少含有机化学物质建材的使用。在使用有机化学建材时要结合装饰面积合理控制使用量，把污染对人体的影响降到最小。

在现今装修中经常用到的硅藻泥装饰壁材是一种性能优良的能对室内空气起净化作用的材料。硅藻土是硅藻泥的主要功能性原材料，是生活在水中的一种单细胞浮游类生物——硅藻死后，沉积在水底，

涂邦德功能涂料　　　　　　　贝卡乐贝壳粉涂料

经过亿万年的积累和地质变迁而形成的。其具有的独特微观孔状结构对室内空气中的有害气体具有很强的吸附力和吸附容量（图2-8）。

图2-8　不同种类硅藻土的微观结构

装修中，一般情况下，地面要么铺地板砖要么铺木地板。地面瓷砖的挥发性污染一般不存在，技术也在不断进行功能健康化提升。例如具有一定净化功能的空气瓷砖在市场上不断流行。所以，选择瓷砖作为地面材料，

化学污染的可能性较小。

木地板的选择难度比较大，复合木地板一般是由木屑和高分子树脂复合而成，污染释放很难控制，尤其所用胶粘剂的环保性较差时就更难保证了。漆料环保性好的实木地板是安全的。

另外，装修中墙面板材的集成装修快速发展，具有快捷低成本的特点。尤其应注意一些塑料基复合材料的环保性问题。无机板材的装饰具有诸多优点，环保性相对可靠，有的企业赋予其净化、调湿和环境改善等功能性。

特地陶瓷　　　　　　斯米克板材

总而言之，在家庭装修中要尽量使用具有抗菌防霉、空气净化和良好呼吸透气性的墙体材料。无机材料的化学污染气体排放安全性是比较好的。

三、采用有效的室内外气体交换方式

除了在装修后进行必要的室内通风后再入住，使用房屋时也要注意合理利用空调和其他通风系统进行通风。此外，还要注意在室外空气优良时要经常打开门窗换气。保证足够的新风量或通风换气量，稀释和排除由于室内装修和在生活中产生的气态污染物，这是改善室内空气品质的一个基本方法。新风系统在人口比较集中的学校教室、医院等场所显得尤为重要。在有条件的情况下要尽量安装监测室内二氧化碳浓度和污染物浓度的装置，并且要与其他通风系统实行联动。当出现室内二氧化碳和污染物超标时，通风系统会自动工作，以达到有效的室内气体交换的目的。

四、装饰装修后的环境治理有用吗

近年来，应市场的需求在全国各地出现了一些环境治理的企业。从积极层面讲，通过一些措施确实可以减轻室内空气的污染，但从根本上来说，治标不治本。其所用净化手段不外乎以下几种：

（1）室内环境治理主要手段是喷洒"净化剂"。化学反应型净化剂，例如含有胺基的化学反应试剂，能快速与甲醛反应，去除甲醛。

（2）喷洒具有一定反应性质的植物或有机溶剂，促进污染物挥发。

（3）在高释放材料表面喷涂封闭剂，通常为成膜致密的高分子树脂。

（4）用高温蒸汽，"熏蒸"材料表面，"加热"促进挥发。

（5）喷涂"光触媒"，目前来讲在可见光条件下，具有高效快速分解有机物的催化材料几乎不存在。但是在治理中如果用"紫外光照射"可能会有较大的作用，但撤销光源效果依然有限，可能不能解决问题。

需要注意的是，室内甲醛的污染是相对容易控制的，目前有一些甲醛反应化学试剂在广泛地用到室内甲醛污染的治理，和甲醛具有快速的反应能力；而苯系物和其他大分子的有机挥发物很难用化学方法来处理；另外，室内污染种类繁多，不可能用化学药剂全部处理掉，所以加热挥发是比较有效的方法。

五、植物净化空气环境的作用有多大

有的植物具有一定的吸收空气中有害气体的能力。常见的有芦荟、常青藤、龙舌兰、吊兰等，但由于其能力有限，不能依靠室内的植物来解决室内空气污染问题。

室内的植物一定程度上可以调节空气湿度和保持室内环境的空气新鲜度[9]。很多植物都是在白天进行光合作用的，其能够吸收二氧化碳并释放出氧气，而也有一些植物是相反的，其能够在夜间对二氧化碳进行吸收并释放出氧气，进而对夜间室内的环境进行净化。因此，在选择植物时必须明确植物的特性，从而更好地对室内空气进行调节和净化。

参考文献

［1］吴成秋. 居室空气甲醛与苯污染的生殖和胚胎发育毒性及其作用机制研究［D］. 长沙：中南大学，2010.

［2］黄斌. 化学污染与男性退化［J］. 化工之友，2001（5）：30.

［3］富英群，杨德文，侯咏. 环境荷尔蒙的研究现状［J］. 中国国境卫生检疫杂志. 2005，28（2）：112-115.

［4］韩志诚. 上海市质量技术监督局发布《壁纸产品质量安全风险预警》并回应

质疑：壁纸增塑剂存有隐患 风险预警于法有据［J］．造纸信息，2015，（03）：44-45.

［5］窦庆伟，张晓雨，叶平．壁纸行业质量状况及提升对策［J］．中国质量监督，2018（01）：74-77.

［6］王靖，陈悫，张一婷．北京市住宅室内空气中 TVOC 污染现状分析［J］．中国环境管理干部学院学报，2009，19（3）：74-82.

［7］丁素君．南京市环境空气中典型半挥发性有机污染物的监测研究［D］．南京：南京理工大学，2003.

［8］宋梦洁．工业区大气中半挥发性有机物污染特征研究［J］．科技传播，2013，6：100-101.

［9］贾洪增，李祥，张思源，等．植物净化室内空气污染的研究进展［J］，绿色科技，2018（4）：78-80.

第三章

室内物理环境污染的预防与控制

第一节　室内物理环境与物理污染简单说

建筑室内物理环境可分为光环境、声环境、湿热环境、电磁环境等。

根据室内物理环境的分类，室内空间物理污染可分为：电离辐射污染（一般指放射性污染）、电磁辐射污染（一般电磁波辐射污染）、噪声与振动污染，以及空气湿热环境污染等。这些物理污染因素都与室内环境质量息息相关，直接影响着人们的舒适和健康、学习和工作效率，提高室内环境质量不可忽视。

放射性污染一般和建筑物所在处的地质条件、建筑材料等相关。

电磁辐射污染和建筑所处的周边环境有无高辐射功率的电磁发射源以及家用电器相关。

光污染往往是人为造成，主要由建筑物所处城市光环境、室内光源选择和设置不合理导致。

噪声与振动污染既决定于建筑所处的环境，也与建筑的减震隔声性能相关。震动一般来源于建筑的周围和建筑内部环境有无机械振动源；噪声来源于建筑外环境和建筑内噪声源，建筑的空气隔声和撞击隔声性能非常重要。

湿热污染主要来源于气候环境。

创造绿色健康的室内环境，需要解决诸多问题，是一个跨专业、跨学科的复杂系统工程，也需要居住者具有相当的室内环境方面的基本常识。下面对室内物理环境污染及防控方法进行阐述。

第二节　如何控制电离辐射污染

一、什么是电离辐射与放射性污染

电离辐射泛指一切能使作用物质发生电离现象的辐射，也是波长小于100nm 的电磁辐射，具有波长短、频率高、能量高等特点。电离辐射的种类很多，高速带电粒子包括 α 粒子、β 粒子、质子，不带电粒子包括中子、X 射线、γ 射线等。在人类生存环境中，电离辐射是普遍存在的，其主要来源是放射性物质。一般来说，低放射性物质含量材质不会对人体健康产生伤害，室内空间放射性物质超标，会危害人体健康。

从另一方面看，电离辐射对人类来说也是一种重要的自然资源，已普遍应用于核工业、原料勘探、农业的照射培育新品种、蔬菜水果保鲜和粮食储存，以及医学上对疾病的诊断和治疗等。

电离辐射分为天然电离辐射和人造电离辐射两大类。人类接受的天然辐射来源于太阳、宇宙射线和地壳中存在的放射性核素。来自太空的宇宙射线包括能量化的光量子、电子、γ 射线和 X 射线。地壳中的主要放射性核素有铀、钍和钋，以及其他放射性物质。它们在衰变过程中会释放出 α、β 或 γ 射线。建筑材料中存在放射性物质，应用放射性物质超标的建筑材料也是引起室内空间放射性物质超标或电离辐射污染的主要原因之一。

人造辐射是指人们利用物质电离辐射的性质在医学、工业等领域的应用，而人为制造产生的电离辐射，包括周期表中 U 以后的 93 号元素 Np 至 111 号元素 Rg，以及 $_{43}$Tc 和 $_{61}$Pm 等。其中核燃料钚-239、γ 放射源钴-60，以及可用于核医学等多种用途的碘-131 等都是重要的人造放射性物质。如果防护措施不当，人造电离辐射会向环境中泄漏，也会造成室内电离辐射污染。

放射性物质会对人体健康产生一定危害。对人体的电离辐射分为内照射与外照射。内照射是指放射性物质通过呼吸道、消化道、皮肤、黏膜和伤口等途径进入人体，从人体内部对机体进行的照射。外照射是指体外电离辐射源对人体产生的照射。通常对于 γ 射线来说，因其射线的能量大、射程长，对人体的内照射伤害与外照射并无多大差别。对于释放 α 和 β 射线衰变的核素，将会引起生物体内极高能量的局部吸收，致使内照射产生特异的生物学效应，所以这种核素在体内的存在（或细胞内的存在）是一个值得关注的问题。

放射性材料也应用于我们的日常生活中，如夜光手表、釉料陶瓷、探测仪器等，这些低剂量的辐射一般不会对人体造成损伤。但是孕妇、儿童和其他体质较弱的人一定要尽量少用或者不用这些有辐射的物品。

氡（Rn）在常温下是一种无色、无味具有放射性的气体。被人体吸入后会对机体产生内照射，具有极大危害，被认定为致癌物质，下面将对其进行具体介绍（图 3-1）。

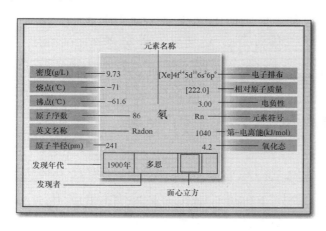

图 3-1　元素名称

二、代表性污染物——氡气，最可怕的污染气体

氡是由放射性元素镭衰变产生的自然界中唯一的天然放射性稀有气体，因此可以说，有镭的地方就有氡。在自然界中，氡有三种同位素，即 222Rn、220Rn 和 219Rn。由于 219Rn 的母体（235U）在地壳中的存量很小再加上 219Rn 的半衰期极短，因此，它在环境空气中的存在几乎可以忽视。人们常说的氡以 222Rn 为主，220Rn 次之。氡的半衰期为 3.8 天，形成后

会很快衰变并产生一系列放射性产物，最终成为稳定元素铅。氡在空气中的衰变产物被称为氡子体，为金属粒子，俗称镭射气。它通过呼吸进入人体，是致人肺癌的重要原因之一。

从自然界的大环境来说，环境空气中的氡主要来源于陆地表面释放，大约占环境空气中氡全部来源的77.7%，其次是陆地植物与地下水载带，占10.2%。综合世界各国的实际情况来看，建筑物的地基和周围土壤是引起室内氡含量超标最主要的因素。因此，在建筑物的设计阶段就要按照国家标准对所使用土地的地质信息和放射性水平进行安全确认。

对一栋建筑物来说，当它的位置和所用建筑材料确定之后，它的室内氡的来源构成基本上就确定了。对于民用建筑，楼层设计也是影响室内氡浓度的重要因素。一般来说，建筑物地基和周围土壤中放射性物质主要对地下室和建筑一层的房间影响显著。而其他楼层的氡浓度，建筑材料则是最主要的影响因素。

北京地区室内氡含量调研的结果（表3-1）显示[1]，对室内氡的贡献率为地基岩土56.3%，建筑材料20.5%，室外空气20.5%，而来自燃料和用水中的氡含量加起来不到3%。这个数值很有代表性，也与世界的平均值较一致。北京市土壤中226Ra比活度的算术平均值比全国要低，因此，全国平均的建筑物地基和周围土壤在室内氡的进入率中占的份额很可能要高一些。

为了控制和避免室内氡含量超标对室内环境及人体健康产生的重要危害，我国相关部门制定了标准，规范室内氡含量的限值。

（1）《室内空气质量标准》（GB/T 18883—2002）中规定氡222Rn年标准值为400Bq/m³。

（2）《民用建筑工程室内环境污染控制标准》（GB 50325—2020）规定：Ⅰ类民用建筑工程（住宅、医院、老年建筑、幼儿园、学校教室等民用建筑工程）氡含量限值≤150Bq/m³，Ⅱ类民用建筑工程（办公楼、商店、旅馆、文化娱乐场所、书店、图书馆、展览馆、体育馆、公共交通等候室、餐厅、理发店等民用建筑工程）氡含量限值≤150Bq/m³。

（3）《室内氡及其子体控制要求》（GB/T 16146—2015）规定：
新建住房年平均值≤100Bq/m³，已建住房年平均值≤300Bq/m³。

表 3-1　北京地区室内氡含量调查数据[1]

氡源	北京地区		世界平均	
	进入率 [Bq／(m³·h)]	相对份额 （%）	进入率 [Bq／(m³·h)]	相对份额 （%）
房基及周围土壤	27.5	56.3	34	60.4
建筑材料	10	20.5	11	19.5
室外空气	10	20.5	10	17.8
供水	1	2.0	1	10.8
家用燃料	0.3	0.7	0.3	0.5
合计	48.8	100	56.3	100

三、怎样预防与控制氡气污染

电离辐射影响的范围比较广泛，对人体的危害较大，而且因家装材料不合格而导致的电离辐射问题具有很强的隐蔽性。因此建议从以下几个方面来减少室内电离辐射污染。

（一）选择放射性水平安全的居住环境

由于室内氡的主要来源就是地基和周围土壤，所以在选择居住地点时一定要注意当地是否有剧烈的地质变化和含有有害元素的记录，因为环境的构成会对室内辐射水平产生很大的影响。建议业主在入住前最好能得到房产开发商出具的国家权威检测部门对该地区的放射性水平安全检测报告。地下室的居住者尤其应该注意通风，防止氡气污染。

（二）进行合理的住房构造结构设计和科学的室内装饰施工

1. 进行合理的结构和隔离设计

在主体结构的设计中，可以通过在地基上设置隔离层来密封地下氡的析出。实践证明，结构设计对降低室内氡浓度非常有效。也可以考虑将受电离辐射影响较大的一层和地下一层设计成人群居留时间较短的停车场，这样既可以充分利用空间，又可以减少对居民的伤害。

2. 合理选择建筑材料

黏土砖、空心砖、灰渣砖、砂子、混凝土、水泥和碎石都是比较常见的建筑主体材料。由于自然条件不同，各地建筑材料天然放射性水平会有一定差异。如果在制造材料的过程中添加了放射性核素比活度较大的工业废渣或尾矿，就有可能造成建筑材料的放射性核素有效剂量当量超过国家标准，使居民受到过量的电离辐射危害。因此，在对添加有工业废渣或尾矿的建筑材料进行选择时一定要注意对其加工过程中使用的原材料进行检测。避免使用含放射性元素丰度高的材料。

除主体材料之外，在进行室内装修时，也要注意选择健康环保的装修材料。由于室内装饰材料中的水泥、砂子、石材、瓷砖等不同的装修材料对室内辐射水平均有很大的影响，所以在家装时要选用放射性比活度为 A 级的建筑材料。在购买建材时要向经销商索要建材的放射性检测合格证，特别是对于花岗石、煤渣砖、陶瓷砖等可能存在电离辐射的材料要严格执行《建筑材料放射性核素限量》（GB 6566—2010）标准，合理使用。

（三）室内通风换气降低氡浓度

房子在入住后，每天都要及时开窗通风。实验表明，这对降低室内空气中放射性物质含量具有显著意义，例如放射性子体氡。

需说明，天然的电离辐射除了对人体影响的负面因素之外，也有积极的方面。地表土壤的放射性是导致空气中离子浓度增加的一个重要原因。在自然界中，空气离子是指带有正电荷或负电荷的空气离子，尤其是带负电荷的空气离子对人体的健康有积极意义，有利于改善环境、人体睡眠和一些疾病的康复。空气负离子号称"空气维生素"，对人体健康具有积极作用。天然辐射可以引起空气中 O_2、N_2 和 H_2O 等的电离，产生的自由基具有氧化作用，作为自然界普遍存在的能量形式对有机污染物的转化与净化也起着积极作用，这是自然界中的辩证法。

第三节　怎样预防与控制电磁辐射（电磁波）污染

一、什么是电磁辐射

前面狭义地把电离辐射和电磁辐射分开来表述。广义来讲，都可统称为"电磁辐射"，可分为电离辐射和非电离辐射。电离辐射是指其携带能量足以使其他物质原子或分子产生电离的总称，例如高速带电 α 粒子、β 粒子、质子；不带电粒子中子是可以引起电离的实物粒子；X 射线和 γ 射线属于能量量子，都属于电离辐射，电离辐射波长小于 100nm。

电离辐射一般可以指由放射性元素衰变产生的各种射线和粒子形成的辐射。

非电离辐射辐射能量不足以使其他原子或分子电离，为波长大于 100nm 的电磁辐射，通常我们所说的电磁辐射就是非电离辐射，即电磁波辐射。

20 世纪 70—80 年代，我国大部分家庭的主要家用电器还只是停留在收音机和黑白电视机等，并且还没有普及到所有家庭。在这个时期，普通民众对电磁辐射污染的认知度还很低，电磁辐射污染问题没有进入公众视野。

进入 20 世纪 90 年代后，随着各种家用电器进入普通百姓的生活和通信技术的发展，家用电器的种类和辐射强度与 20 世纪 70—80 年代相比有了质的变化。特别是随着电网规模的快速膨胀，使高压输电线和变电站的数目日渐增多。广播通信事业的发展则伴随着各种广播、电视发射设备数量的增加。这些都导致居民生活区周围电磁辐射污染的复杂性不断增强。

进入 21 世纪后，随着计算机网络的普及以及多媒体技术的发展，人们接触电子产品的机会也大大增加，从最初的 MP3 到智能手机、平板电脑等，电子产品的种类不断增多。无线网络几乎覆盖所有公共场所，而这些无线网络都需要移动基站作为传输系统，为了获得质量更好的网络服务，基站的密度不断增加。5G 通信，虽然辐射功率会减小，但蜂窝基站密度会大大增加。这使得人类生活和工作空间的辐射强度平均值逐渐增大，电磁波辐射污染已经成为人类健康新的威胁。

资料显示，我国城市电磁辐射污染呈几何式增长，1991—2006 年，杭州市区平均辐射强度增长 17.5 倍，年均增长率达 12.1%；2006—2010 年，天津全市 54% 的监测点处电场强度呈逐年上升趋势；其他地区的电磁辐射监测结果虽符合《电磁环境控制限值》（GB 8702—2014）中规定的控制限值，但也存在电场强度接近控制限值上限的问题，部分地区的复合功率密度出现超标现象。

为了防控电磁辐射，自 20 世纪 60 年代以来，世界各国纷纷将电磁辐射污染列为必须控制的环境污染物之一。为了彻底了解电磁辐射对人体的作用机理和危害程度，各国科学家做出了坚持不懈的努力，从不同角度进行了广泛的研究。

二、空间环境中电磁波是怎样产生的

（一）什么是电磁波

从科学的角度来说，电磁波是能量的一种，是由同相振荡且互相垂直的电场与磁场在空间中以波的形式传播形成的，其传播方向垂直于电场与磁场构成的平面，能有效地传递能量和动量（图3-2）。

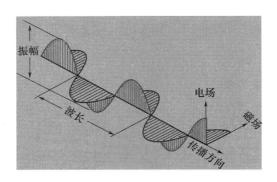

图 3-2　电磁波传播示意

电磁波为横波，可用于探测、定位、通信等。按电磁波波长从长到短（频率从低到高）大致可分为：无线电波、微波、红外线、可见光、紫外线、伦琴射线（X射线）和 γ 射线（图3-3）。

（二）电磁辐射来源

按照电磁波产生成因可以将电磁辐射源分为，天然型电磁辐射源和人工型电磁辐射源两大类。

（1）天然型电磁辐射源包括大气层雷电、太阳黑子爆发、银河系射电、地球磁场波动、火山喷发和地震等。

太阳黑子的平均活动周期约为11年。在太阳黑子活动频繁的年份，会对地球的磁场和电离层产生较大影响，甚至会对各类电子产品和电器产生损害，也可能使某些通信产生短暂的干扰和中断。雷电也是自然界中产生

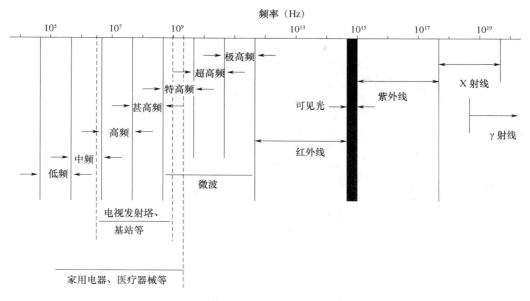

图3-3　电磁波谱图

电磁辐射的一个重要来源，其瞬时功率较大，能导致通信网络和电气设备的损害（图3-4）。

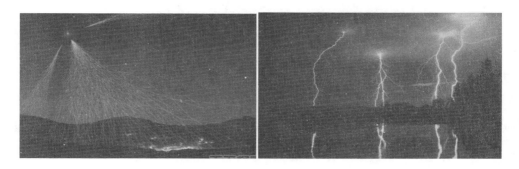

图3-4　宇宙射线与雷电

总体来说，天然型电磁辐射源对人体产生的电磁辐射污染具有瞬时强度大，影响时间短等特点，为不可抗力，对人体健康的影响没有人工型电磁辐射源大。

（2）人工型电磁辐射源。人工型电磁辐射源是对人体健康构成威胁，对环境造成污染的主要因素之一。

按其频率的不同可以分为工频电磁辐射源和射频电磁辐射源。工频电磁辐射源一般是指各种家电和高压输电线等。射频电磁装置包括在工业、科学上应用的雷达、通信发射设备、电视广播系统和医疗射频设备及电气化铁路交通工具等（图3-5）。常见人工电磁辐射源及其频率范围见表3-2。

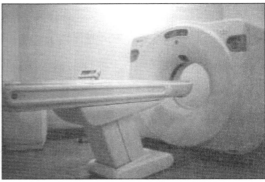

图 3-5　电视发射塔与 CT 机

表 3-2　常见的人为电磁波辐射源

污染源分类	辐射源	频率
工频污染	输电线、变电站、有线广播等	50 Hz
载频污染	高压直流、交流输电及电气铁路高次谐波	10 ~ 300 kHz
射频污染	发射电磁波的工业、科学及医疗设备及电动机等	30 kHz ~ 300 MHz
微波污染	微波炉等家用电器、通信网络以及信号发射接收装置等	300 MHz ~ 100 GHz

人工型电磁辐射污染具有持续时间长、种类多，并能产生累积效应等特点，是影响现代人健康的重要因素，也是电磁辐射污染防控和环境监测的主要方面。

（三）工频电磁辐射与射频电磁辐射有什么区别

人工型电磁辐射产生于人工制造电子设备和电气装置等，按其频率不同可分为工频电磁辐射和射频电磁辐射。平常我们居住环境中的电磁波多为超短波和微波，合称射频电磁波，多来自雷达、通信、电视广播及某些医疗设备等，其频率较高且频谱范围较宽，电磁辐射的影响范围也较大。另外，极低频（工频）电磁波多来自高压输电线、室内电线分布以及各种使用交流电的设备等，这些电磁波来源也与居民的生活息息相关。下面对工频电磁辐射与射频电磁辐射做一简要介绍。

1. 工频电磁辐射

（1）来源：大功率电机、变压器、输电线以及家用电器等。

（2）特点：频率低，一般为50Hz或60Hz；工频电场与工频磁场是分别存在、分别作用，沿传播方向上电场与磁场无固定关系。

由于频率较低，工频电磁辐射不像射频电磁辐射那样，电场、磁场矢量以波阻抗关系紧密耦合，形成"电磁辐射"，并穿透生物体。工频电、磁场不能以电磁波的形式形成有效的电磁能量辐射或形成体内能量吸收。工频电场、磁场与高频电磁波相比，在存在形式和生物作用等方面，存在极大的差异。它们可以作为两个独立的实体，其特点是随着距离的增大成指数级衰减。

在我们生活环境中使用的家用电器，如电视机、吸尘器、冰箱、电磁炉、电热毯、交流电动剃须刀等均产生工频电、磁场。而且，在家用电器使用中也伴随着射频污染。

在日常生活中，手机给人们的生活带来了极大便利的同时，也使人们时刻处于电磁辐射之中。因此，在日常生活中应科学利用电子设备，防止其对人体的过度辐射而损害健康。

2. 射频电磁辐射

（1）来源：无线电广播、电视发射台、微波通信、雷达等各种射频设备。

（2）特点：频谱宽——电磁频谱中射频部分的一般定义，是指频率为3kHz～300GHz的辐射；应用广——与工频电磁辐射相比，射频电磁辐射影响的范围更广，能在较大的区域内对较广泛的人群产生影响；影响大——射频电磁辐射在空间中持续的时间较长，经过长期辐射后能在人体内产生累积，对人体产生的影响较大。

（四）国家相关标准对环境要求的限量值

自20世纪80年代末开始，国家环境保护局联合三部委相继颁布了10余项电磁辐射防护相关国家标准和行业标准，其中在1988年颁布的《电磁辐射防护规定》（GB 8702—1988）和《环境电磁波卫生标准》（GB 9175—1988）两项国标已废止，由现行的《电磁环境控制限值》（GB 8702—2014）代替。我国现行的电磁辐射防护相关标准汇总于表3-3。

表 3-3 国内现行电磁辐射标准汇总

标准编号	标准名称	颁布部门
GB 8702—2014	电磁环境控制限值	国家环境保护局、国家质量监督检验检疫总局
HJ/T 10.3—1996	辐射环境保护管理导则 电磁辐射环境影响评价方法与标准	国家环境保护局
HJ/T 10.2—1996	辐射环境保护管理导则 电磁辐射监测仪器和方法	国家环境保护局
HJ/T 24—1998	500kV 超高压送变电工程电磁辐射环境影响评价技术规范	国家环境保护局
GB/T 18387—2017	电动车辆的电磁场发射强度的限值和测量方法	国家质量监督检验检疫总局
GB/T 25312—2010	焊接设备电磁场对操作人员影响程度的评价准则	国家质量监督检验检疫总局
GBZ/T 189.1—2007	工作场所物理因素测量 第 1 部分：超高频辐射	中华人民共和国卫生部
GBZ/T 189.2—2007	工作场所物理因素测量 第 2 部分：高频电磁场	中华人民共和国卫生部
GBZ/T 189.3—2018	工作场所物理因素测量 第 3 部分：1Hz~100kHz 电场和磁场	国家卫生健康委员会
GBZ/T 189.5—2007	工作场所物理因素测量 第 5 部分：微波辐射	中华人民共和国卫生部
GB/T 31275—2020	照明设备对人体电磁辐射的评价	国家市场监督管理总局
HJ 1136—2020	中波广播发射台电磁辐射环境监测方法	中华人民共和国生态环境部
HJ 1151—2020	5G 移动通信基站电磁辐射环境监测方法（试行）	中华人民共和国生态环境部
HJ 972—2018	移动通信基站电磁辐射环境监测方法	中华人民共和国生态环境部

《电磁环境控制限值》（GB 8702—2014）规定电磁辐射的公众暴露控制限值见表3-4，电场强度、磁场强度、磁感应强度及等效平面波功率密度等的控制限值均与频率范围相关。

表3-4　GB 8702—2014 规定的公众暴露控制限值

频率范围	电场强度 E（V/m）	磁场强度 H（A/m）	磁感应强度 B（μT）	等效平面波功率密度（W/m²）
1～8Hz	8000	$32000/f^2$	$40000/f^2$	—
8～25Hz	8000	$4000/f$	$5000/f$	—
0.025～1.2kHz	$200/f$	$4/f$	$5/f$	—
1.2～2.9kHz	$200/f$	3.3	4.1	—
2.9～57kHz	70	$10/f$	$12/f$	—
57～100kHz	$4000/f$	$10/f$	$12/f$	—
0.1～3MHz	40	0.1	0.12	4
3～30MHz	$67/f^{1/2}$	$0.17/f^{1/2}$	$0.21/f^{1/2}$	$12/f$
30～3000MHz	12	0.032	0.04	0.4
3000～15000MHz	$0.22/f^{1/2}$	$0.00059/f^{1/2}$	$0.00074/f^{1/2}$	$f/7500$
15～300GHz	27	0.073	0.092	2

注：频率 f 的单位为所在行第一栏的单位。

国际上广泛采用的两个标准分别是国际非电离辐射防护委员会（IC-NIRP）在1998年出版的 *Guidelines for Limiting Exposure to Time Varying Electric, Magnetic and Electromagnetic Fields（up to 300GHz）* 和美国电子电气工程师协会（IEEE）发布的 IEEE *Standard for Safety Levels With Respect to Human Exposure to Radio Frequency Electromagnetic Fields*，3kHz *to* 300GHz（IEEE C95.1—2005）。

《电磁环境控制限值》（GB 8702—2014）规定电磁辐射的公众暴露控制限值为：职业照射电场强度限值28V/m，磁场强度限值0.075A/m，功率密

度 $2W/m^2$；公众照射电场强度限值 $12V/m$，磁场强度限值 $0.032A/m$，功率密度 $0.4W/m^2$。针对高压送变电对电磁环境的影响，HJ 24—2014 提出了功率密度不高于 $1W/m^2$ 的更严苛标准。

ICNIRP 导则将职业群体和公众群体的接受限值分为基本限值和导出限值，导出限值由基本限值在特定频率下经实验测得。表 3-5 所示为 ICNIRP 导则规定的移动通信频段的导出限值。该标准被欧盟、澳大利亚、新加坡等国家和地区采纳。

表 3-5　ICNIRP 导则规定的移动通信频段电磁辐射导出限值

频段（MHz）		电场强度（V/m）	磁场强度（A/m）	磁感应强度（μT）	等效平面波功率密度（W/m²）
职业暴露	1~400	61	0.61	0.2	10
	400~2000	$3f/2$	$0.008f/2$	$0.01f/2$	$f/40$
公众暴露	1~400	28	0.073	0.092	2
	400~2000	$1.375f/2$	$0.0037f/2$	$0.0046f/2$	$f/200$

注：f 为电磁辐射频率，单位为 MHz。

IEEE C95.1—2005 则将电磁辐射限制定义为基本限值和最大容许暴露量。该标准规定公众区电磁辐射功率密度的最大容许暴露量：$100~400MHz$ 为 $2W/m^2$，$400~2000MHz$ 为 $f/200W/m^2$，$2000~5000MHz$ 为 $10W/m^2$，被美国、加拿大、日本、韩国等国家广泛采用。

（五）常见电器的辐射强度检测

为了检测实际生活和工作中我们所受到的电磁辐射强弱，中国建筑材料科学研究总院冀志江团队测量了常见家用电器的辐射值。为了维护商业信誉和保密，在本次实验中将不给出具体的厂家名称和产品型号。

具体的检测结果如下。

1. 微波炉（距离 0.5m）

微波炉电磁辐射强度的测试结果如表 3-6 所示。根据检测结果，所检测的微波炉在运行过程中工频辐射周围磁场强度值有显著提高，说明在运行过程中，磁场污染会出现；工频电场强度变化不大，但射频电场强度明显增加。

表3-6 微波炉电磁辐射强度

序号	状态	项目	单位	工频		射频	
				最大值	平均值	最大值	平均值
1	正前方，未运行，插电状态	E	V/m	17.387	15.446	0.32	0.19
		H	μT	0.02	0.018		
2	正前方，中火，2min，运行状态	E	V/m	18.603	17.323	4.73	1.57
		H	μT	1.916	1.466		

2. 柜式空调（距离1m）

对于所检测空调，无论运行与否，1m距离处的电磁场强度值均不发生变化，电场强度和磁场强度很小（表3-7）。

表3-7 空调电磁波辐射强度

序号	状态	项目	单位	工频		射频	
				最大值	平均值	最大值	平均值
1	正前方，未运行，插电状态，距离1m	E	V/m	0.583	0.328	0.30	0.30
		H	μT	0.020	0.017		
2	正前方，运行状态，距离1m	E	V/m	0.583	0.331	0.30	0.30
		H	μT	0.020	0.017		

3. 冰箱（距离1m）

从检测结果来看，冰箱的运行与否对其产生的电磁辐射影响并不明显，其电磁场辐射强度微弱（表3-8）。

表3-8 冰箱电磁波辐射强度

序号	状态	项目	单位	工频		射频	
				最大值	平均值	最大值	平均值
1	正前方，未运行，插电状态	E	V/m	0.594	0.398	0.32	0.21
		H	μT	0.020	0.018		
2	保鲜层	E	V/m	1.710	1.650	0.35	0.23
		H	μT	0.020	0.018		

4. 电视机

电视机的测试结果表明，在距离电视机1m距离外，工频辐射电场强度存在一定的量值，射频电磁辐射很小（表3-9）。为保证安全，电视观看者，尤其是儿童需要与电视保持一定距离。

表 3-9　电视机电磁波辐射强度

序号	状态	项目	单位	工频		射频	
				最大值	平均值	最大值	平均值
1	正前方 0m，未运行，插电状态	E	V/m	5.963	5.548	1.74	1.35
		H	μT	0.044	0.039		
2	正前方 1m，运行状态	E	V/m	5.544	2.824	0.28	0.21
		H	μT	0.054	0.048		

5. 台式电脑（距离 20cm）

从测试结果来看，电脑运行时电磁场增加，电磁辐射强度较低，在正常使用距离内，短时间使用基本不会对人体产生影响（表 3-10）。

表 3-10　台式电脑电磁波辐射强度

序号	状态	项目	单位	工频		射频	
				最大值	平均值	最大值	平均值
1	机箱正前方，运行状态	E	V/m	1.413	1.281	0.34	0.21
		H	μT	0.022	0.018		
2	显示器正面，运行状态	E	V/m	2.119	1.855	0.23	0.18
		H	μT	0.024	0.021		

6. 笔记本电脑

对于笔记本电脑，其不同部位的电磁辐射强度不尽相同。在键盘和显示器前，虽然电磁辐射强度较小但还是存在一定的辐射（表 3-11）。

表 3-11　笔记本电脑电磁波辐射强度

序号	状态	项目	单位	工频		射频	
				最大值	平均值	最大值	平均值
1	键盘上方 5cm	E	V/m	2.576	2.120	0.52	0.27
		H	μT	0.056	0.047		
2	运行时屏幕后方 5cm	E	V/m	1.760	1.653	0.61	0.27
		H	μT	0.050	0.045		

虽然台式电脑和笔记本电脑的电磁辐射强度不大，但是电磁辐射对人体健康的影响存在积累效应。因此，建议经常在电脑前面工作的人，注意

适当地休息活动与调整，避免长时间处于电磁辐射环境中，影响身体健康。

就上面几样常用电器外面的电磁场简单测试可以看出，它们对环境的影响略有不同，主要决定于其工作原理。微波炉和电视机工作原理决定其对外环境影响相对较大，空调、冰箱等主要是马达驱动压缩机工作对空间产生的电磁辐射相对较小。

以上测试示例结果也说明，日常生活中电磁辐射确实存在，且无处不在。在使用家用电器时我们要注意安全，尤其要注意保持适当的距离和适度使用电器，以降低电磁辐射累积效应对人体造成的伤害。

三、环境电磁辐射对人体的危害

1952 年，Hirsh[2] 首先报道了电磁辐射对人体健康的影响，报道的是一名雷达工作人员因电磁辐射患上双眼白内障。这位雷达工作者是在 1500 ~ 3000MHz、功率密度为 $100mW/cm^2$ 的电磁辐射条件下，无防护地工作一年以后发生双眼白内障的。自此，电磁辐射对人体健康的影响问题逐渐得到重视，人们也逐步对此开展了广泛而深入的研究。

我国也有关于电磁辐射对人体产生伤害纠纷的报道。2004 年的"颐和园北侧高压塔事件"就是其中一例。该事件是由建在北京市海淀区百旺家苑小区的 5 座约 50m 高的高压铁塔引起的。事件的焦点是住在这个小区的居民认为这些高压铁塔的建立会产生过量的电磁辐射，危害他们的健康。因此，居民们集体联名向市政府有关领导举报，最后经过多方努力，促成了由北京市环保局与海淀区百旺家苑小区居民代表召开的环保听证会，与会的单位还有北京市电力公司、颐和园等十几家单位。

在本次事件中，高压铁塔的架设单位——北京市电力公司向北京市政府关于此次事件的汇报中指出，"对周边居民的身体健康更是绝对保证，线路距居住区的最近距离为 45m，远远大于国家颁布的有关法规要求的最小距离 15m 的规定"。而在瑞典研究人员曾经做过一个调研，结果证明生活在高压区 50m 以内的儿童白血病的发病率是正常儿童的 2.9 倍。这就说明，即使符合现有国家标准的距离，也可能存在一定风险。事实上，居民受到的辐射影响，除了和居民与高压线路的距离因素之外，还和线路的输送电压高低以及线路因素相关。距离不是唯一的决定因素。此外，人体的个体差异性也对电磁场的敏感程度不同，影响不同。

该事件说明我国居民对自身健康与环保意识观念的增强。

电磁辐射是如何与人体相互作用，其对人体健康的影响机理是怎样的呢？人体也是由原子和分子组成，人体的生命活动根本上也是氧化还原反应的过程。有化学过程就有电子的得失和转移，人体的生命活动包含着一系列的生物电活动。这些生物电对环境的电磁波非常敏感，因此，电磁辐射可以对人体造成影响和损害。电磁辐射对人体的生物效应可以分为热效应、非热效应和累计效应三方面。

（一）热效应的作用机理

人体 70% 以上是水，水分子是极性分子，在电磁波作用下会产生振动，引起机体升温，从而影响到体内器官的正常工作。电磁波对人体电子迁移的影响，以及体温升高引发多种症状，如心悸、头胀、失眠、心动过缓、白细胞减少、免疫功能下降、视力下降等。电磁波的强度不同，穿透人体的深度不同。产生热效应的电磁波功率密度为 $10MW/cm^2$，浅致热效应在 $10MW/cm^2$ 以下。当功率为 1000W 的微波直接照射人体时，可在几秒钟之内致人死亡。

（二）非热效应的作用机理

人体的器官和组织都存在微弱的电磁场，它们是稳定和有序的，一旦受到外界电磁场的干扰，处于平衡状态的微弱电磁场将遭到破坏，人体正常生理代谢活动也会遭受损害。非热效应主要是低频电磁波产生的影响，即人体被电磁辐射照射后，体温虽然未明显升高，但已经干扰了人体的固有微弱电磁场，使血液、淋巴液和细胞原生质发生改变，对人体造成严重危害。非热效应作用可导致胎儿畸形或孕妇自然流产，影响人体的循环、免疫、生殖和代谢功能等。

对人体的非热效应体现在以下几个方面。

（1）神经系统：人体反复受到电磁辐射后，中枢神经系统及其他方面的功能会发生变化。如条件反射性活动受到抑制，出现心动过缓等。

（2）感觉系统：低强度的电磁辐射，可使人的嗅觉机能下降，当人头部受到低频小功率的声频脉冲照射时，就会使人听到好像机器响，昆虫或鸟儿鸣叫的声音；强功率电平微波照射可导致晶状体蛋白质凝固，形成白内障。

（3）免疫系统：我国的学者研究表明，长期接触低强度微波的人和同龄正常人相比，其体液与细胞免疫指标中的免疫球蛋白会降低，T细胞花环与淋巴细胞转换率的乘积减小，使人体的体液与细胞免疫能力下降。

（4）内分泌系统：低强度微波辐射，可使人的丘脑-垂体-肾上腺功能紊乱；CRT（植物钙网织蛋白基因）、ACTH（肾上腺皮质激素）活性增加，内分泌功能受到显著影响。

（5）遗传效应：微波能损伤染色体。经动物试验已经发现：用195 MHz、2.45 GHz和96 Hz的微波照射老鼠，会在老鼠4%～12%的精原细胞中形成染色体缺陷，老鼠继承了这种染色体缺陷可引起智力下降、平均寿命缩短等。因此，应尽量减少与电磁波太频繁密集的接触，而且接触时也要保持安全距离，一般是半米以上。孕妇尤其要注意远离电磁辐射源。

（三）累积效应的作用机理

热效应和非热效应作用于人体后，在对人体的伤害尚未来得及自我修复之前，如果再次受到电磁波辐射，其伤害程度就会发生累积，久而久之就会成为永久性病态，甚至危及生命。对于长期接触电磁波辐射的群体，即使功率很小，频率很低，也可能会诱发意想不到的病变，需要引起足够的重视。电磁辐射污染对人体的影响程度，还与个体差异相关，不同的人群敏感程度不同，对婴幼儿、孕妇的影响可能会更明显。

电磁污染已经成为居住环境中继空气污染、噪声污染之后新的典型污染。电磁污染看不见，摸不着，直接作用于人体，是人类健康的"隐形杀手"。电磁辐射问题也已经越来越受到世界各国的普遍重视，我国也相继开展了关于电磁辐射的各种研究，并开始多种措施进行防控。

四、电磁辐射的防护

现代人的工作和生活一刻也离不开电磁波。对于电磁波对人体到底有多大伤害的讨论，可能很难有一个确切的数值，肯定和个体差异、年龄等因素均相关。但是，毋庸置疑，过量的电磁辐射肯定会对人体产生伤害。

从技术角度来说，治理电磁波污染有电磁波屏蔽和吸收两种方法。电磁波屏蔽主要是利用对电磁波的反射作用，将电磁波的作用和影响限定在一定空间内，防止其传播和扩散。从本质上说，电磁波屏蔽并没有将电磁波消耗掉，还有可能造成二次污染。电磁波吸收是指通过各种吸波机理将电磁波的能量转化热能而消耗掉，以达到治理电磁波污染的效果。现在电磁辐射防治的研究主要集中在电磁波的吸收治理方面。

为了减少电磁污染对人体带来的隐患，建议从电磁辐射源的管理规划和个人日常生活等方面采取措施。

（一）远离电磁辐射源

（1）加强居民区周边电磁辐射源的管理工作。要按照国家相关规定由专业人员对强电磁辐射源进行有效管理，加强电磁辐射危害的宣传力度，让人们懂得基本的预防电磁污染的常识和技能。

（2）在房屋的选址和建造过程中要充分考虑对电磁辐射污染的预防。首先选址要按照国家相关标准规定进行环评，保证在高压线、通信线路等附近的建筑物内电磁辐射不超标。

（二）日常生活电磁波辐射的防护措施

（1）不要把家用电器摆放得过于集中，或经常一起使用，以免使自己暴露在超剂量电磁辐射环境之中。特别是电视、电脑、冰箱等电器更不宜集中摆放于卧室内。餐桌上使用电磁炉应注意科学使用，距离适宜。

（2）各种家用电器、办公设备、移动电话等都应尽量避免长时间操作。电视、电脑等电器需要较长时间使用时，应注意至少每1h离开一次，采用眺望远方或闭上眼睛的方式，以减少眼睛的疲劳程度和所受辐射的影响。尤其儿童看电视、接触电子用品要适度，少年儿童视力下降可能和辐射有关。

（3）当电器暂停使用时，最好不要让它们处于待机状态，因为此时可产生较微弱的电磁场，长时间也会产生辐射积累。

（4）对各种电器的使用，应保持一定的安全距离。如眼睛离电视荧光屏的距离，一般为荧光屏宽度的5倍左右；微波炉在开启之后要离开至少1m

远，孕妇和小孩应尽量远离微波炉；手机在使用时，应尽量使头部与手机天线的距离远一些，最好使用分离耳机和话筒接听电话。要特别强调的是，手机在接通前一瞬间的辐射是最强的，在使用时要特别注意。

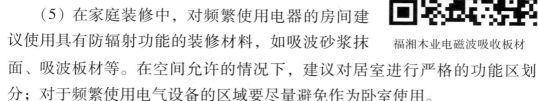

福湘木业电磁波吸收板材

（5）在家庭装修中，对频繁使用电器的房间建议使用具有防辐射功能的装修材料，如吸波砂浆抹面、吸波板材等。在空间允许的情况下，建议对居室进行严格的功能区划分；对于频繁使用电气设备的区域要尽量避免作为卧室使用。

（6）在饮食上应该多食用一些胡萝卜、豆芽、西红柿、油菜、海带、卷心菜、瘦肉、动物肝脏等富含维生素A、维生素C和蛋白质的食物，以利于调节人体电磁场的紊乱状态，加强肌体抵抗电磁辐射的能力。

（三）电磁吸收材料可以改善室内电磁环境

周围环境的电磁辐射强度过大甚至影响居民正常生活和健康时，在房屋建造过程中，需要使用具有防电磁辐射功能的建筑材料进行设计和施工。下面通过一个实例来说明电磁防护功能建筑材料对室内电磁环境改善的作用。

河南郑州荥阳广播D554发射台（图3-6）附近村庄电磁辐射偏高。在该地区个别村庄的空间电磁场强度较高，村民们在房顶架起一条金属丝，串接一个灯泡，接地后即可亮起。当地村民俗称"天灯"（图3-7）。

图3-6 河南郑州荥阳广播D554发射台

图3-7 农民在演示"天灯"

中国建筑材料科学研究总院以冀志江国家"十一五"科技支撑项目为

依托，针对当前由于通信与电子产品发展带来的电磁环境的变化，开发了电磁波吸收轻质砂浆[3]。中国建筑材料科学研究总院与河南省建筑科学研究院合作，对河南郑州荥阳 D554 发射台周边的村庄建筑进行了外涂吸波轻质砂浆层的施工改造。设计了多层结构外墙吸波砂浆结构（图 3-8），施工图见图 3-9。施工一个月后进行测试，室内电场强度平均下降了 50%（表 3-12），显著降低了室内电磁辐射背景强度。

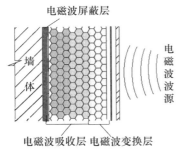

图 3-8　吸波砂浆剖面结构示意图

图 3-9　附近村民施工轻质吸波砂浆的民房

表 3-12　河南郑州荥阳 D554 发射台附近农房吸波砂浆
施工前后的室内电场强度对比

测量定位	施工前电场（V/m）		施工后电场（V/m）	
	最大值	平均值	最大值	平均值
二层东北角房间中间	32.45	29.55	17.12	15.33
二层东北角房间东边墙体表面	35.22	33.21	17.72	17.07
一层东北角房间中间	23.54	22.46	17.14	17.11
一层东南角房间中间	20.51	20.21	16.43	16.30

第四节　噪声污染的预防与控制

声音是物体机械振动或物体运动引起空气振动的一个能量传播，人体耳膜接受后形成的主观感受，但其客观存在。有时，音乐对于喜欢的人是享受；对于不喜欢的人就是"噪声"。噪声的界定既有主观性又有客观性。

一、噪声是大家习以为常的污染

噪声污染是国际公认的环境污染问题，是现代城市发展过程中的一个顽疾。随着我国城镇化进程的不断加快，日益密集的城市人口使得噪声污染成为影响居民健康的重要因素之一。据统计，我国生活在环境噪声 55 ～ 65dB 的干扰区域的人口占比近 20%，已有 3/4 以上的城市交通干线噪声平均值超过 70dB。在北京市海淀法院对 2001—2010 年受理的 80 件环境污染类案件统计中，噪声污染案件占到了此类案件的 80% 以上，噪声污染在环境污染中的危害程度由此可见一斑。

噪声可对人体健康、安全生产和工作效率产生负面影响。强噪声直接危害人体健康，诱发多种疾病，而一般强度的噪声通常干扰人们的正常工作、生活和休息。

二、噪声是什么

根据《中华人民共和国环境噪声污染防治法》规定，环境噪声是指在工业生产、建筑施工、交通运输和社会生活中产生的干扰周围生活环境的声音。环境噪声污染是指所产生的环境噪声超过国家规定的环境噪声排放标准，并干扰人们正常生活、工作和学习的现象。

从物理学的角度讲，噪声是声音的一种，是指频率和强度都不同的各种声音杂乱组合而产生的声音。心理学则认为噪声的概念是主观的、相对的，把凡是使人讨厌、烦躁、不需要的声音均称为噪声。安静环境中，约 30dB 的声音就是噪声，超过 50dB，会影响睡眠和休息，90dB 以上，会损伤人的听觉，影响工作效率，严重的可致耳聋或诱发其他疾病。

一般情况下，人耳能听到的声音频率为 20 ～ 20000Hz，这个范围内的声音被称为"可听声"。低于 20Hz 的声波，称为次声波；高于 20000Hz 的声波称为超声波。人的年纪越大，对高频的听力会逐渐下降，比如 50 岁的人最高能听到的频率高端为 13000Hz。而 60 岁的人很少能听到 8000Hz 以上的声音。从"噪声控制"的角度来看，所谓噪声就是人们不需要的声音的总称。所以，凡是妨碍交谈和会议，妨碍学习、睡眠等有损于人的愿望和目的的声音统称为噪声。

三、噪声如何分类

噪声的分类见表 3-13[4]。

表 3-13　噪声的分类

所依据条件	具体种类
声源的机械特点	气体扰动噪声、固体振动噪声、液体撞击噪声等
声音的频率	小于 350Hz 的低频噪声、350～1000Hz 的中频噪声、大于 1000Hz 的高频噪声
噪声随时间变化的属性	稳态噪声、非稳态噪声、起伏噪声、间歇噪声、持续性噪声、脉冲噪声等

下面对表 3-13 中的一些术语进行简要说明。

1. 稳态噪声

在中华人民共和国国家职业卫生标准《工作场所有害因素职业接触限值 第 2 部分：物理因素》（GBZ 2.2—2007）中规定：稳态噪声是指在观察时间内，采用声级计"慢挡"动态特性测量时，声级波动 <3dB（A）的噪声。

2. 非稳态噪声

非稳态噪声指噪声强度随时间而有起伏波动（声压变化大于 3dB）。有的呈周期性噪声，如锤击；有的呈无规律的起伏噪声，如交通噪声。

3. 起伏噪声

起伏噪声的种类很多，其特点是，无论在时域内还是在频域内它们总是普遍存在和不可避免的。

4. 脉冲噪声

持续时间小于 1s 的间断噪声为脉冲噪声。脉冲噪声是非连续的，由持续时间短和幅度大的不规则脉冲或噪声尖峰组成。

四、噪声污染的特点

噪声是一种物理性污染，它与化学污染不同，不会在环境中产生二次污染，具体特点如下。

（1）噪声污染具有即时性。这种污染采集不到污染物，当声源停止振动时，声音便立即消失，不会在环境中造成污染的积累并形成持久的伤害。

（2）噪声污染的危害一般是非致命的、间接的、缓慢的。但对人心理、生理上的影响不可忽视。

（3）噪声污染具有时空局部性和多发性。在环境中，噪声源分布广泛，集中处理有一定难度。另外，一种声音是否为噪声，不仅取决于这种声音的响度，而且取决于它的频率、连续性、发出的时间和信息内容，同时还与发出声音的主观意志以及听到声音的人的心理状态和性情有关。

五、噪声的危害

（一）干扰正常休息

休息和睡眠是人们消除疲劳、恢复体力和维持健康的必要条件。但噪声使人不得安宁，难以休息和入睡。当人辗转不能入睡时，便会心态紧张，呼吸急促，脉搏跳动加剧，大脑兴奋不止，第二天就会感到疲倦或四肢无力。从而影响到工作和学习，久而久之，就会患神经衰弱症，表现为失眠、耳鸣、疲劳。

人进入睡眠之后，即使是 40～50dB 较轻的噪声干扰，也会从熟睡状态变成半熟睡状态。人在熟睡状态时，大脑活动是缓慢而有规律的，能够得到充分的休息；而半熟睡状态时，大脑仍处于紧张、活跃的阶段，这就会使人得不到充分的休息和体力的恢复。

（二）降低工作效率

研究发现，噪声超过85dB，会使人感到心烦意乱，人们会感觉到吵闹，因而无法专心工作，结果会导致工作效率降低。

（三）损害人体健康

噪声除了能干扰我们正常的学习和生活外，还会对我们的健康产生许多不利的影响。比如超强的噪声会加速心脏衰老，增加心肌梗死的发病率。

噪声还可能引起耳部的不适，如耳鸣、耳痛、听力损伤。据测定，超过115dB 的噪声还会造成耳聋。噪声还有引发孕妇流产的可能。噪声对儿童身心健康危害更大，因为儿童发育尚未成熟，各组织器官十分娇嫩和脆弱。无论是体内的胎儿还是刚出世的婴儿，噪声均可能损伤其听觉器官，使其听力减退或丧失。

2020 年，我国人口普查数据显示，我国 60 岁以上人口总数达 27402 万人，占总人口 18.7%。以上比例按国际标准衡量，表明我国已经正式进入了老年型社会。由于老年人是疾病的高发人群，与其他人群相比，他们更容易受到噪声的伤害。特别是对患有常见的心脏病、高血压等疾病以及有失眠症状的老年人都比年轻人更易受到噪声的干扰，这些噪声危害有时甚至会严重影响到他们正常的生活以及疾病的康复。

六、噪声的预防措施

噪声与人体健康和生活环境的改善息息相关，良好的声环境是建设生态人居城市的重要组成部分。由于噪声的种类很多，产生的机理各不相同，对人体产生危害的程度也有差异，这就需要在实践中采取科学手段有针对性地对不同种类的噪声进行有效预防。

科学的噪声控制必须考虑声源、传播途径、接受者三个因素所组成的整个系统，其中在声源处控制噪声是最根本的措施。控制噪声的措施可以针对上述三个部分或其中任何一个部分，只要控制住了其中任何一个部分，噪声的危害就不能实现。图 3-10 为城市社区降低噪声污染的技术措施。

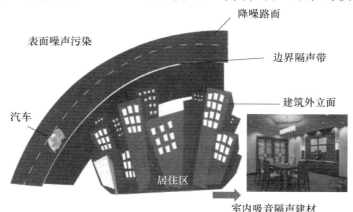

图 3-10　城市社区科学的噪声控制措施

下面从建筑室内与建筑室外噪声两方面对噪声的预防进行阐述。

（一）建筑室外噪声预防

1. 科学选择居住地，减少室外噪声污染的影响（远离声源）

在我们进行楼盘地址的选择时要充分考虑尽量远离工业区和交通主干路，同时还要与小区的健身场地、儿童乐园等配套设施保持一定的距离。既然我们很难控制外界噪声，就应该最大限度地将外界噪声对我们生活的影响降到最小。

2. 交通噪声传播途径的解决（切断传播途径）

由于经济的发展，现在很多居民区都紧邻交通道路两侧。为了减少来往车辆产生的噪声，可以通过对路面材料和结构进行合理设计，以此降低车辆通过时产生的噪声（工程中，如果屏体有缝隙、或与底座间存在缝隙，降噪效果会大打折扣）。除此之外，还可以在道路两侧设置隔声设施。常见的做法是种植一些树木或者在道路两侧安装声屏障（图3-11）来降低传入室内噪声的强度。建筑墙体外立面应采取隔声措施，建筑设计中应考虑外围护墙体的隔声性能以及窗体的隔声性能。

图3-11 常用于铁路和公路两侧的声屏障

3. 对建筑外环境进行有效的噪声污染防控（保护接受点）

为了减少室外噪声污染对室内环境的影响，首先楼房的外立面墙体应具有很好的隔声作用。为了保持室内空气新鲜，我国居民有开窗通风的习惯，对于无法降低室外环境噪声水平的室内来说，可以选用具有通风作用的隔声窗，即"通风隔声窗"，在不开窗的情况下可以通风。

（二）建筑室内噪声预防

建筑室内噪声主要是指外界传入的噪声和建筑物内各种为了维持居民

用水、取暖、排风以及电梯等设备和居民在日常生活中所发出的噪声。噪声控制应从建筑物的设计阶段介入。在主体结构完工之后，业主还可以在装修时通过合理设计和利用吸声、隔声功能材料来减少噪声的危害。

1. 加强对建筑中各种设备和各类管线系统所发出噪声的防控

对于这些为了维持居住者基本生活的设备所产生的噪声，最重要的是积极研制和采取改进措施，降低设备本身在运行中产生的噪声强度。可以采用隔声和吸声材料对设备所在区域进行围护，并在设计上采取使设备所在区域与建筑中居民生活区隔离的方法进行防控。因为每一个设备都会或多或少产生一定的噪声和振动影响，每个噪声和振动源的传播路径可能都不一样，如果不能精确计算每种噪声源的贡献量，就只能对所有设备采取最为严格和保守的治理措施，这样才能达到控制的目的。

对于空调机组、送风机、排风机等设备的噪声防控除了上述方法之外，还要从技术上寻求突破，把设备在运行中所产生的噪声降到最小。对于给排水等设备所发出的噪声在施工阶段就要统筹兼顾，考虑采用管道与其他建筑构件的减振隔振连接，并进行外侧隔声防护。防止管道在使用过程中的振动与噪声波及相邻构件引起相邻建筑构件的振动，或者通过相邻构件传播到建筑物的其他区域。

目前，我国的现代建筑中，排水管道中过去的铸铁管被 PVC 塑料管材所代替，管道壁密度降低，隔声效果下降，排水管道噪声问题比较突出。虽然现在许多管道产品通过改变管道壁的结构设计来减小排水管道噪声，但效果很难与铸铁管相比。装修时建议业主要求装饰公司不要采用轻质砌块围砌排水管道井，应用密度大的砌块。

在所有建筑内的设备当中，电梯是其中比较特殊的。由于其对运行的安全性要求较高，在防控噪声方面与其他设备相比具有其特殊性。特别是随着近年来新建住宅中安装电梯的数目越来越多，使电梯噪声逐渐成为居民噪声投诉的一个热点。一般情况下，当电梯噪声出现时，传播到室内的噪声通常可达到 35 ~ 45dB，部分甚至达到 50dB 以上。通过常规的隔振处理，通常可降低到 35dB 左右。目前要达到 30dB 以下还比较困难，需要对电梯安装方式进行彻底的隔振改造，付出的成本较高。

鉴于此，对于电梯的噪声污染，必须在设计安装阶段就采取相应的隔振和降噪的技术处理。

2. 根据房屋不同部位采取相应措施对噪声进行防控

室内噪声产生的原因，一方面是声源在室内空间中，如人说话的声音、音响的声音等；另一方面是居民活动时撞击地板和墙体产生的噪声，声源在建筑地面或墙体上。这两种不同情况隔声措施不同。室内空中声源产生的声音（如音响、大声说话等），应采取空气隔声措施；声源在建筑物构筑体（如地面）应采用撞击隔声措施。

（1）使用高效隔声复合墙体材料解决"隔墙有耳"问题

近年来，在我国民用建筑中，轻质墙体材料得到广泛的应用。这种材料具有质量轻、安装方便等特点，但是其空气隔声性能差的缺陷也给业主带来较大困扰。往往客厅说话卧室可以听到，邻居说话常常也听得很清楚，这说明"墙体的空气隔声"效果不好。墙体的空气隔声效果除了和墙体的密度质量相关外，还和墙体的结构相关。通常情况下，墙体质量密度越大空气隔声效果越好，俗称"隔声质量定律"。如果墙体密度小，通过墙体结构设计也可以提高轻质墙体的空气隔声效果。

现代建筑中户内墙体大多采用轻质空心条板墙（图3-12）。通常结构的单种水泥基材料构成的空心条板墙隔声结构设计不完善，隔声效果基本刚满足设计标准要求，应该说空气隔声量不高，不如过去的实心砖砌墙。目前来说，在保证经济性和轻量化的前提下，要保证墙体的隔声效果是一个难题。

为了达到国家规定的空气隔声相应标准要求，高效隔声复合墙体材料的使用逐渐得到人们的重视。隔声复合墙体材料克服了单一材料为了增强隔声效果而不得不增加墙体质量的弊端，通过改变复合材料和内部结构来提高整体性能。显然，复合墙体材料所具有的性能是单一材质的墙体所无法比拟的。复合墙体材料还可以通过将不同成分和密度的材料进行复合，以达到对不同频段的噪声进行防控的目的。

通过科学的选材和墙体结构设计，可以达到很好的隔声保温效果。图3-13为一种吸声与隔声效果良好的轻钢龙骨轻质复合墙体结构示意图[5]。

图 3-12　常见形式的轻质空心条板墙

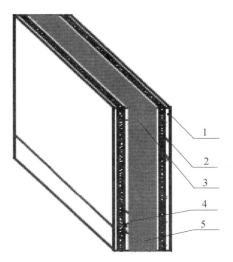

图 3-13　复合墙体结构示意图
1—外侧板；2—内侧板；3—连接体；
4—弹性减振连接件；5—内填充层

　　这种墙体由外侧墙板、内侧墙板、连接体、弹性减振连接件、内填充层构成。其中使用水泥板材或者硅钙板材作为外侧墙板，使用石膏板材或者硅钙板材作为内侧墙板。内侧墙板和外侧墙板之间用铆钉或者自攻钉等连接为一体形成侧板。连接体可为轻钢龙骨。同时在轻钢龙骨一侧安装弹性减振连接件，该弹性减振连接件为弹簧钢制成的减振弹簧连接件。其一端连接在连接体上，另一端与内层墙板固定连接。空气层中填充一定厚度的吸声材料（离心玻璃棉）作为填充材料形成内填充层。由此形成依次设置的外侧墙板、内侧墙板、连接体、内填充层、另一侧内侧墙板和外侧墙板组合为一体的轻质复合墙体，整体墙体厚度为 110mm。因为这种墙体是一种"板面—吸声填充层—板面"的结构模式。

　　上面介绍的这种轻质复合墙体在声频区域 160Hz 范围内未出现共振现象，在高声频区域 2000Hz 范围内也未出现隔声吻合效应，并且其计权隔声量能够达到 56dB，完全达到了《民用建筑隔声设计规范》（GB 50118—2010）中 4.2.3 的高要求住宅的分户墙、分户楼板的空气声隔声标准大于50dB 的要求。现在的主要问题是如何在保证隔声质量的前提下，降低墙板的总体造价和提高施工效率，让这一系列的新型建材早日进入千家万户。

　　对于购房者来说，在实际购买房屋的过程中要注意住宅分户墙和室内隔墙的噪声隔声问题，必要时可以请专业的检测机构进行测定，使住宅的隔声标准达到《民用建筑隔声设计规范》（GB 50118—2010）的要求。要尽量在房屋入住前及早发现问题，避免入住之后发生纠纷，产生不必要的损失和麻烦。

（2）采用"浮筑楼板"解决脚步声和坠物声对楼下住户的噪声影响

上面谈到的隔声是空气隔声。脚步声和坠物声是物体撞击地板，引起地板振动，进而引起下面楼层室内空气振动产生的"噪声"。对由于人体在楼上地面活动引起的楼下邻居受到的噪声干扰，应该采取撞击隔声措施。可在地面铺装方面采取降低撞击声及其传递能力的措施，增加地面的撞击隔声能力。常用的楼板隔声措施，如果开发商没有采取措施，业主可以通过地面铺装增加地板的撞击隔声能力，减小脚步声以及物体对地面撞击产生的声音对楼下的影响。通常可以采用"浮筑楼板"技术。

所谓"浮筑楼板"，就是在承重的钢筋混凝土楼板或其他材质地面上铺垫一层弹性隔声层，然后再铺地面。这种楼板与无声学处理的楼板相比，能大大缓解固体传声，有效减轻撞击产生的噪声，减轻楼上人员行走、东西突然坠落等情形对下层的影响。

"浮筑楼板"的隔声原理是在楼板体系中做一个类似弹簧的弹性减振系统，把能量吸收掉。这个系统能使撞击的固体声，先经由浮筑面层与弹性垫层组成的弹性系统被部分吸收，再传递给基层混凝土楼板被部分反射，从而大大削弱了撞击声源激发的振动在楼层结构中的传播。图 3-14 为一种"浮筑楼板"的结构示意图。

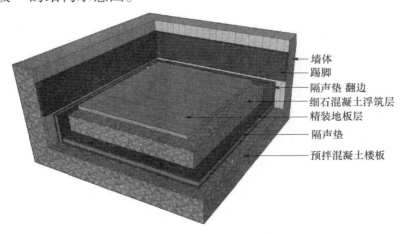

图 3-14　"浮筑楼板"结构示意图

（3）安装隔声门窗减少房间之间和户外对室内的影响

门窗是噪声最容易侵入室内的环节，在传统的开窗通风条件下一般都会受到噪声侵扰。隔声门窗可以有效保证室内不受外界噪声的侵害。而"通风隔声窗"是一种为了控制噪声又不影响通风的新型窗体。通风隔声窗能保证在关窗的情况下，利用窗上的通风装置实现室内外的气体交换，这就解决了防控噪声与气体交换之间的矛盾。

对于"门"，其密度越大即质量越重，隔声效果越好。但是，我们常常希望门体轻，隔声效果好，这本身是一对矛盾。为了实现门体不是很重而又隔声效果较好，通常应对门体结构进行隔声设计，在门体内按隔声等级填充吸声体、隔声毡、折声板等隔声阻尼材料，采用先进设计技术及密封工艺加工生产。隔声门还可以按照隔声等级的特殊需要对材料和结构进行二次设计，以达到特殊用途的需要。此外，隔声门窗，由于其密闭性和低导热性，还能较好地保持室内温湿度的恒定，减少由此带来的能源消耗。

通风隔声窗在技术上的一个基本要求，就是使建筑外立面在保持通风的情况下能有效隔绝室外噪声。首先通风隔声窗的窗体应该有很好的隔声效果，例如芯材采用真空玻璃、夹层玻璃以及多层玻璃，框体采用隔声隔热材质和结构（如断桥铝）。在此基础上，考虑通风问题，设计制备通风隔声窗。这在高层住宅显得尤为重要，因为高层住宅存在着开窗时风力较大和人员的安全等问题。

在国内，通风隔声技术的发展主要针对民用住宅类建筑，其表现形式主要为通风隔声一体化外窗研发。专利检索表明，目前类似于"通风隔声窗""通风降噪窗"的专利不少，但是市场化的程度并不高。这与部分窗户设计复杂、影响成本或难以安装有很大关系。除此之外，结合我国国情，性价比仍是普通百姓最关心的问题，否则很难大面积推广。

通风隔声窗整体的基本设计思想是在窗框内设置通风消声通道（图 3-15）；或采用多层玻璃窗体结构，在窗体中间分左右或上下在中间设消声通道措施。通风动力可以采用被动方式，即仅靠风压来通风（高层建筑适宜于被动方式）；也可采用主动通风方式，即在风道口

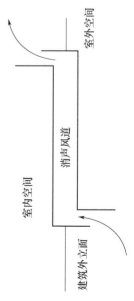

图 3-15　通风窗体的通风路径示意图

设置风扇，强制通风。采用哪一种通风隔声窗应由具体的建筑所处的环境决定。

（4）采用吸声装修装饰材料

在现代家居装修中，吸声装饰材料也能很好地防控噪声污染。例如，在屋顶可以喷涂吸声涂料，有空间条件的可以在顶面和墙面装配吸声板材。窗帘布艺等悬垂的织物和平铺的织物，均可以起到吸声作用。墙面软包是常用的吸声措施，但这类材料阻燃性差，且易带来环保性问题。总之，适当地在室内使用一些吸声装饰材料，可以达到美观和消声的双重目的。

七、民众应掌握必要的法律法规及标准知识

为了切实保障人民群众的身心健康，我国相继制定了一系列关于噪声防控的法律法规及标准。

《声环境质量标准》（GB 3096—2008）规定，居民住宅属于声环境功能区表中的1类声环境功能区（指以居民住宅、医疗卫生、文化体育、科研设计、行政办公为主要功能，需要保持安静的区域）。按照上述规定，在此区域内昼间噪声限值不能超过55dB，夜间应低于45dB，若超过这个标准，便会对人体产生危害。

《声环境质量标准》（GB 3096—2012）规定，监测点一般设于噪声敏感建筑物户外。不得不在噪声敏感建筑物室内监测时，应在门窗全打开状况下进行室内噪声测量，并采用较该噪声敏感建筑物所在声环境功能区对应环境噪声限值低10dB（A）的值作为评价依据。对敏感建筑物的环境噪声监测应在周围环境噪声源正常工作条件下测量，视噪声源的运行工况，分昼、夜两个时段连续进行。涉及建筑噪声方面的部分标准见表3-14。

表3-14　有关噪声控制的标准

标准代号	性质	标准名称	实施日期
GB 3096—2008	强制性	声环境质量标准	2008-10-01
GB 50118—2010	强制性	民用建筑隔声设计规范	2011-06-01
GB/T 8485—2008	推荐性	建筑门窗空气声隔声性能分级及检测方法	2009-03-01
GB/T 16731—1997	推荐性	建筑吸声产品的吸声性能分级	1997-08-01

标准代号	性质	标准名称	实施日期
GB 12348—2008	强制性	工业企业厂界环境噪声排放标准	2008-10-01
GB 22337—2008	强制性	社会生活环境噪声排放标准	2008-10-01
GB 12523—2011	强制性	建筑施工场界环境噪声排放标准	2012-07-01

按照《中华人民共和国环境噪声污染防治法》的规定，环境噪声污染分为工业噪声污染、建筑施工噪声污染、交通运输噪声污染和社会生活噪声污染4类。在日常生活中受到噪声侵害时，我们要敢于拿起法律武器，维护自身的合法权益，根据噪声的类型和特点，分门别类地向相关的职能部门投诉。

第五节 湿热污染的预防与控制

空气湿度和温度一旦超出人体舒适范围，就成了污染。所以，温度和湿度污染也只能是相对于人体的舒适健康而言。

一、湿热形成的污染

室内湿热污染是指室内的温度和湿度超过一定范围而影响人体居住舒适度和健康的现象。世界卫生组织（WHO）关于健康住宅的15项标准中明确提出了对温度和湿度的要求：起居室、卧室、厨房、厕所、走廊、浴室等的温度要全年保持在17～27℃；室内的相对湿度全年保持在40%～70%。

一般情况下，室内温度为18～25℃，相对湿度为30%～80%时，对人体健康较为适宜。在室温为20～24℃，相对湿度为40%～60%时，人感到最舒适。如果考虑温度和湿度对人思维活动的影响，最适宜的室温应为18℃，相对湿度应为40%～60%，因为此时人的精神状态较好，思维最敏捷，工作效率也比较高[6]。室内湿度不宜过高或过低，室内湿度过高，人体散热就比较困难；如果室内湿度过低，空气干燥，会使人的呼吸道干涩。

二、湿热对环境及人体健康产生的影响

1. 气候及建筑本身会影响室内湿热环境

当地的气候对建筑的内外湿热环境都具有决定性的影响；在此基础上，湿热环境还会进一步影响居室舒适性与人体健康。人对室内温度和湿度的体感就是温度和湿度共同作用的结果；温度合适，湿度过低会产生静电，皮肤干燥，湿度过高会使体感温度下降。应注意建筑本身的结构布局设计和材料应用也会对建筑室内湿热环境产生较大影响。

2. 气候及室内温度和湿度与化学污染会产生耦合效应

气候及室内温度和湿度对室内污染物挥发的影响非常显著，而不仅仅影响物理环境。在不同地区以及同一地区的不同时节，室内挥发物会随着温度和湿度的变化而呈现出明显的季节特征。一般来说，挥发物的挥发释放速度夏季较大，冬季相对较小。

在高温、高湿条件下，室内环境中的有害物质释放速率会加快。例如，家装中使用的材料、木制家具、沙发、橱柜等物品中的甲醛、苯、挥发性有机化合物，以及建筑物墙体内可能含有的氨等的挥发释放速率都会随着温度的升高而显著提高。当空气中的有害物质达到一定浓度时，就会造成室内环境污染。

下面以北京为例，对一年中四季的室内污染物与气候及温度和湿环境的关系进行简要说明。

（1）春季：随着春天的到来，室内外的温度都在升高，室内外的温差在逐渐减小；建筑物（包括装饰材料）的整体温度也在逐步上升，材料本身含有和冬季吸附聚集的室内有害挥发物的释放速率在增加，尤其新建住宅更是如此。在开窗通风较少的情况下，春季的室内污染会加剧。

（2）夏季：此时室内外的温度和湿度都很高，室内外温差较小，建筑物本身和室内装饰材料在外界高温的条件下，温度逐步上升，并伴随着释放出大量的有害气体。由于夏季开窗通风的时间较多，因此室内污染没有春季严重。但是要注意使用空调进行制冷的房间的通风问题。大部分居民使用的空调都没有自动换气的功能，要注意室内混浊的空气对健康的影响。空调病的出现并不单一是温度和湿度问题，污染是不可忽视的因素。

（3）秋季：随着室外温度的降低，建筑物整体的温度也在逐渐下降，建筑物本体和装饰材料中释放的有害挥发物也在减少。又由于此时是秋高气爽开窗通风较多的季节，相对而言也是一年中室内污染最轻的季节。

（4）冬季：室外温度低，室内温度较高，此时室内外的温差较大，室内的有害物质会由高温区向低温区扩散，室内污染气体易被墙体吸附，并且有可能向墙体深层扩散。由于天气寒冷，开窗时间较少，室内挥发物的浓度可能依然会较高，要加强防范。

3. 湿热污染会加重室内微生物污染

微生物的产生与繁殖需要一定的温度和湿度条件，在使用频率和人员较集中的起居室和卧室，如果室内的温度和湿度过高就会加重这些区域的微生物污染，比如霉菌和细菌等。霉菌是真菌的一种，能够在温暖和潮湿环境中迅速繁殖。如果室内温度和湿度过高，就会引发这类微生物的大量繁殖，微生物分解有机物代谢会产生大量有机气体（MVOC），能引发人产生恶心、呕吐、腹痛等症状，严重的甚至会导致呼吸道及肠道疾病，如哮喘、痢疾等。

图 3-16 是加拿大学者 Arundel 等给出室内微生物污染及过敏等人体反应与相对湿度的关系[7]，从图中我们可以看出，室内相对湿度为 40%~70% 时，各种微生物包括过敏症等的发生概率较小，这项研究也印证了前面概述中世界卫生组织（WHO）关于健康住宅室内最佳湿度的描述。根据该结果可以看出，室内相对湿度过高或过低会导致细菌和病毒发生概率提高，当室内相对湿度在 30% 以下或者 70% 以上时，过敏及鼻黏膜炎症状在室内发生的概率会迅速上升；室内相对湿度过高会导致真菌和壁虱污染发生概

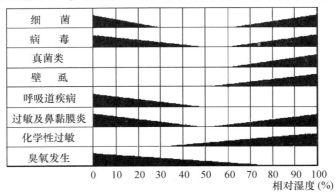

图 3-16　相对湿度对卫生安全及健康的影响[7]

率增加，化学性过敏概率增加（和室内污染与空气中水分子耦合增加了污染性相关）；湿度过低会导致呼吸道疾病增加，北方地区呼吸道疾病比例偏高与此相关。

从 2019 年年底开始席卷全球的新冠肺炎疫情，影响了人类的正常生活，造成了人类生命的重大损失。应该说 2019 年 12 月武汉华南海鲜市场附近新冠病毒大规模感染人类，在特殊的地点发生并不是偶然的；2020 年 6 月发生在北京新发地菜市场的新冠肺炎疫情，进一步证明病毒适宜在阴暗潮湿环境中生存和传播的事实，即在冷鲜市场温度低、湿度大，适合病毒生存与繁殖。据新华社马德里 2020 年 6 月 26 日报道，西班牙巴塞罗那大学发布公告称，该校领导的一个研究小组在 2019 年 3 月采集的巴塞罗那废水样本中检出新冠病毒。说明病毒早已存在，当环境适宜其繁殖生存时，在适当的时候就会感染人类。新冠病毒可能通过冷链传播，并会在相应环境中感染人类，体现出环境对人类健康的重要性。

三、室内湿热污染的预防和控制

室内湿热污染是建筑物中的微气候环境问题。首先可以根据当地的自然环境、建筑物的位置、体形体量、朝向等要素，对建筑内部空间的合理分隔设计，充分利用建筑外大的环境条件来改善室内微环境。另外，一些新型建筑材料和设备的应用等可以起到改善建筑室内微气候环境的效果。

消费者在住房购买选择方面，应考虑环境对建筑的温度、湿度环境和居住舒适度的影响。可以从以下几个方面进行选择。

（一）购房或租房如何选择外部环境

1. 合理选择建造位置

从现代生态环境科学的角度看，建筑物的位置要根据当地的气候、土质、水质、地形及周围环境条件等因素的综合状况来确定，即选择"好山好水"外部环境。这些综合因素会影响室内微气候环境。北方地区建筑宜选择"背有挡风、前有阳光"的地域环境，以利于建筑热舒适；南方宜选择四季有"微风"的环境，利于温热扩散。这些因素对室内温湿度的改善具有重要的意义。因此，购房者买房时首先要考虑建筑物位置的环境因素。

2. 选择建筑外部环境规划科学合理的小区与住宅

在建筑物的位置确定以后，应选择合理的外部环境设计利于改善微气候环境的小区。布局合理的建筑群是指可以因地制宜地对建筑的位置分布、体形以及建筑形体组合进行合理规划，考虑到了小区的微气候区域环境。例如，空气流通的"风道""采光与视野"、绿化以适宜当地的外界气候环境，利于小区建筑群的空气流通、污染物扩散及对局部小区环境的温度和湿度调节。这些都是房屋购买者在选择时应考虑的因素。

3. 住宅的布局怎样才算合理

建筑住宅的体形和室内房间布局，会影响建筑使用者的舒适性、健康性和节能性。房间的布局应考虑功能的区分和室内的"微气候"环境，比如，结合当地的大气候空气流向，考虑到自然通风和建筑的散热与节能，甚至心理因素。在建筑方面，我国劳动人民具有丰富的智慧，例如，福建永定的"土楼"、北京的"四合院"、河南陕县"地坑院"等都是根据地方气候环境与人文相结合的建筑。在内蒙古草原的圆锥形屋顶也是为了达到减少散热面积、抵抗草原风沙的目的而设计的。在沿海湿热地区则可以通过设计建筑布局使建筑的向阳面和背阴面形成不同的气压，在无风的条件下也能达到通风的目的。对建筑群的科学规划可以起到在夏季时引入自然通风，冬季减少散热的作用，这些都可以改善室内的温度和湿度，减少室内湿热污染，对建筑节能也有重大意义。

（二）室内功能区如何布局

1. 室内功能区布局应利于建筑微环境的舒适健康和节能

合理的空间布局就是在充分满足建筑功能要求的前提下，对建筑空间进行合理分隔，以改善室内保温、通风、采光等微气候条件。在进行室内装修装饰时还要结合房间朝向合理进行功能布局，减少室内湿热污染对人体的危害。在布局中，不同室内分隔对室内微环境的影响是非常显著的。例如，在北方寒冷地区的住宅设计中，经常将使用频率较少的房间如厨房、餐厅、次卧室等房间布置在北侧，形成对北侧寒冷空气的"温度阻尼区"，以保证使用频率较多的房间如起居厅、主卧室等的舒适温暖。

2. 功能区装修布置与材料选用

各功能区的装修布置应考虑空气流通、污染物扩散和湿热调节，如内饰顶柜、侧柜不能影响空气流通和热扩散。应根据功能加强功能性材料应用，改善室内微气候环境，减少室内湿热污染。

例如，起居室可以通过在内墙面粘贴不燃绝热功能的装饰材料，改善居室的隔热保温性能；将具有蓄热和调节室内温度的常温相变蓄热墙面装饰材料用于顶棚和地面，改善热舒适性；卧室墙面的装修可以选择具有湿度调节功能的无机涂装，如硅藻土装饰壁材，呼吸透气性好的多孔矿物硅藻土、蛭石等生产的内墙装饰板。这些新材料都对室内环境具有一定的温湿度调节作用。

（三）消费者也可简单分析与判断建筑的保温性能

我国在不同地区新建建筑的保温节能性能上有明确的规范要求。往往房地产开发商在售房时，一般不引导消费者关注建筑的节能性能，除非开发商把保温性能作为一个提高销售价格的点来宣传。

1. 怎样认识建筑保温性

衡量建筑保温性能的重要参数是建筑围护结构（墙体、门窗、屋面等）的传热系数，即在稳定传热条件下，内外两侧空气温差为 1K（1℃）时，单位时间内通过单位平方米墙体面积传导的热量，单位为 $W/（m^2 \cdot K）$。

建筑节能首先要在理论上使材料形成的结构体系达到节能要求及外围护结构传热系数要求。

事实上，我国的建筑保温性能验收一般是设计验收，即在建筑设计时根据建筑围护结构（墙体、门窗、屋面等）选用材料的导热系数、蓄热系数和各种材料厚度进行计算，整个围护结构的传热系数小于本地区规范规定值即视为保温合格。而只有外围护传热系数真正达到设计目标才能起到真实的节能作用。

实际使用中，围护结构的传热系数测试比较困难，故一般不实测建筑围护结构的保温性能。理论和实践之间存在很难验证的关系，这就给开发商、设计方、施工单位留下了偷工减料违规操作的空间。目前，常见现象是在保温材料导热性能上弄虚作假，导致保温层厚度减小或传导热数增大。消费者应关注该问题，要求开发商提供相关墙体与窗体的保温性能（传热系数）数据。消费者一旦知道墙体材料组成与结构，就可以进行简单的验证计算，判断墙体是否达到建筑节能设计标准。

对于购买顶层的人来说，应关注屋顶的绝热性和防水性。屋顶的设计要因地制宜，通过对造型、构造和材料的选择，达到绝热、防水目的，把对室内湿热污染的不利因素降到最小。

对于中间楼层，在保温方面主要关注墙体与窗体的保温和热学性能。

2. 墙体保温简单计算与常见形式

一般来说，要实现墙体的保温节能可以通过以下两个途径：

一是通过与高效保温材料复合，形成复合保温墙体。复合墙体保温有三种形式，分别为外保温（保温材料设在墙体外侧）、内保温（保温材料设在墙体内侧）和夹芯保温（保温材料夹在墙体中间），其中夹芯保温多用于北方地区。

二是直接采用低密度的轻质墙体材料，此类材料具有较高热阻和良好的热工性能，一般均可满足规定的节能指标。

（1）墙体保温性的基本计算

墙体保温的性能主要体现在墙体"热阻"或"传热系数"上，其计算方法如下。

单层结构墙体的热阻 R 的计算公式为

$$R = \delta / \lambda$$

式中，δ 为墙体厚度；λ 为墙体导热系数。

多层结构墙体的热阻 R 的计算公式为：

$$R = R_1 + R_2 + \cdots + R_n = \delta_1 / \lambda_1 + \delta_2 / \lambda_2 + \cdots + \delta_n / \lambda_n$$

式中，R_1，R_2，$\cdots$，R_n 为各层结构热阻；δ_1，δ_2，$\cdots$，δ_n 为各层厚度；λ_1，λ_2，$\cdots$，λ_n 为各层导热系数。

墙体的传热系数 K 的计算公式为

$$K = 1 / R_0, \quad R_0 = R_i + R + R_e$$

式中，R_0 为墙体结构传热阻；R_i 为内表面换热阻；R_e 为外表面换热阻；R 为热阻。

由于建筑外墙受周边热桥影响，其平均传热系数 K_m 可按下式计算：

$$K_m = (K_p F_p + K_{b1} F_{b1} + K_{b2} F_{b2} + K_{b3} F_{b3}) / (F_p + F_{b1} + F_{b2} + F_{b3})$$

式中，K_p 为外墙主体部位传热系数；K_{b1}、K_{b2}、K_{b3} 为外墙周边热桥部位的传热系数；F_p 为外墙主体部分传热面积；F_{b1}、F_{b2}、F_{b3} 为外墙周边热桥部位的传热面积。

（2）几种保温形式的墙体

外保温墙体是一种把保温层设置在主体墙材外面的墙体结构。外墙保温有多种结构，图 3-17 为常见的薄抹灰外墙保温结构。其优点是蓄热性好，不占用室内使用面积，能消除冷热桥，并且保温效果较好。建筑外墙保温能提高墙体的保温隔热性能，减少室内热能的传导损失。墙体材料蓄存的 热（冷）量最大限度地留存在建筑体内增加室内的热稳定性和房屋的居住舒适度。另外，由于保温材料铺贴于墙体外侧，避免了保温材料中的挥发性有害物质对室内环境的污染。

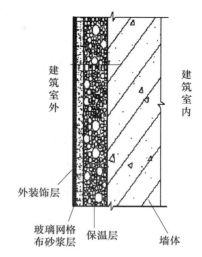

图 3-17　薄抹灰保温墙体构造图

内保温墙体是将保温材料置于房间内侧的一种墙体保温形式，结构形式与外保温相似。与外保温相比会占用室内的使用面积，不易解决冷热桥问题。由于保温材料置于建筑内部，墙体的整体蓄热性能会受到一定影响（即外环境冷与热易被续存在建筑物外墙体），也会影响室内的舒适度。此外，由于是在室内施工，保温材料的环保性能和防火性能也是必须要考虑的。

夹芯保温墙体一般是将保温材料（如聚苯、岩棉、玻璃棉等）放在两片墙体中间（图 3-18），并在内外墙中间设置拉接件，形成复合墙体结构[8]。这种上下贯通的墙体结构具有良好的保温隔热性能，能消除冷热桥，是北方地区常见的墙体结构。但是，其整体保温性能应该说不如外保温，热惰性会比外保温差些；且保温层与混凝土墙体层间是否留有排结露水通道，也会影响墙体的寿命和保温性能，这些都有待于几十年的实践检验。

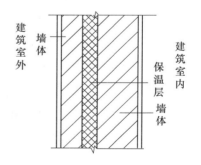

图 3-18　夹心保温构造图

东北地区的火墙是一种传统的夹芯保温墙体结构，应用范围比较广。火墙，建筑术语又叫"空斗墙"，是一种比较典型的为减少室内热损失而设计的墙体。这种墙体的基本做法是将砖用侧砌或平、侧交替砌筑的方法，使墙体中心形成空腔。这种墙体的特点是由于空腔的存在，冬季有较好的保温特性；在夏季炎热的时候，墙体较大的热阻又可以减少外部热量向室内的渗透，因此可以保持这种墙体的房屋一年四季都有较好的居住舒适性。科学研究表明：夹心墙的空气层在室内外温差较大受热不均匀时，密封在中间的空气也会形成"涡流"降低其隔热保温效果。所以，空心墙体中填充轻质保温材料更有利于建筑保温。

轻质低密度的保温墙体也是一种建筑墙体保温方式，与其他形式的墙体相比，它施工方便并且易于后期的维护和改造，具有安全性高和与建筑同寿命等特点。由于这种墙体采用了轻质砌块，导热系数较小，因此，墙体整体的传热系数也较小。在框架结构的建筑中采用轻质保温砌块，存在的问题是应注意材料的热胀冷缩性能而使墙体出现微裂纹，所以应做好结构处理。

（3）外装饰与建筑节能性

除了墙体的保温性能外，墙体所涂刷的颜色和微结构也会对建筑节能和热舒适产生重要影响。

建筑外墙面的颜色不同，其对太阳光的吸收性能不同。灰色墙面的太阳反射比很小，大部分热能被墙面吸收致使外墙表面温度升高。夏季室内外温差大，在墙体传热系数一定的情况下，由室外向室内传递的热量与室外和室内的温差成正比，会增加空调负荷，造成能源浪费与热舒适度下降。比如，涂刷白色涂料的外墙面太阳光能量的吸收率为20%左右，夏季墙面温度可能是40℃左右；而对于灰色的外墙涂料太阳光能量吸收率可以达到80%左右，夏季墙面温度可以达到70℃左右，同样的建筑，夏季开空调的能耗会增加很多。夏热冬暖与夏热冬冷气候区域，深色外涂层建筑物夏季空调能耗增加30%。对于太阳辐射较强的夏热冬暖和夏热冬冷地区应该特别注意外装饰材料的选用。建筑设计师应了解相关材料的热物料性能。

综上所述，应对室内湿热污染进行墙体设计时，除了要考虑墙体的材料和结构外，还要综合人工与非人工冷热源对室内微气候环境（温度、湿度、空气流速等条件）的影响，确保墙体内表面无结露、发霉等现象，保证墙体的使用功能长期稳定和室内环境的健康舒适度。

（四）窗体的保温隔热性能判断

窗户是建筑围护结构的重要组成部分，主要用于采光，是影响室内热环境的主要因素之一，在改变建筑室内微气候环境中起着重要的作用。应综合考虑建筑当地气候条件、功能要求（如通风和隔声效果）以及建筑围护部件情况等因素来选择合适的窗体材料、类型，以达到良好的防控室内湿热污染的目的。

从窗户的使用功能来说，保持室内采光性，合适的温度、湿度、隔声和建筑节能，是比较重要的方面。为了达到上述目标，需要从组成窗户的材质选择和结构进行系统设计，使其的整体性能达到最佳。下面将从构成窗户的材料与结构进行阐述，说明不同的材质和设计对窗户整体热工性能的影响。

（1）窗户的框架对窗体的传热性能有很大的影响。通过窗体框架的结构设计和选材可以尽可能地减小窗框的传热系数。

窗户框架是支撑窗户的重要部件。随着时代的发展，新材料的不断涌现，窗户框架也越来越美观，使用性能也越来越好。窗户框架有纯木（竹）、断桥铝合金、塑钢等多种类型，下面对其性能进行简要说明。

纯木（竹）窗户框架是指将集成木（竹）材经切割、铣刨、拼接、胶合之后制作成的窗户框架，之后再与玻璃系统装配制作成窗，是我国最为传统的窗体。这种窗户框架的优点是利用了木材导热系数较小、相对来说耐久性好、源于自然的特点，对室内温、湿环境有较好的调节性。缺点是木（竹）材在湿热和酸碱等自然条件的反复作用下易发生变形和腐朽，影响其使用寿命和性能。

断桥铝合金框架是指两片铝合金型材由导热系数低的隔热条连接制作而成，经切割、组角、胶粘，而后装配玻璃制成的一种窗体框架。为了提高这种窗户的隔热保温效果，可以在安装时使用隔热条以及在隔热条空腔中添加泡沫材料的方法提高其性能。断桥铝窗有其金属结构的设计性和制造加工性，易于实现较高的隔热保温效果。

由于木材-金属复合窗框兼具木材和金属两种材料的特性和优点，近年来得到了广泛的应用。比较典型的为铝包木窗框和木包铝窗框。

铝包木窗框结合铝合金窗强度高、耐候性强与纯木（竹）窗保温性能好、外形美观的优点，以集成木材制作窗户主框架，然后在室外侧安装铝合金防水板，以此设计结合铝合金与集成木材优点，既防水防晒，又保温美观。

与铝包木窗框的设计思路相似，木包铝窗框也是将铝合金与集成木材特点相结合的高端节能窗体材料。木包铝窗框是以断桥铝合金作为窗体主框架，然后在室内侧安装木质保温板，进一步提升窗户保温性能的同时，起到美化室内环境的作用。

塑钢窗框架的主要材料是 PVC 塑料和钢材。所用塑料是以聚氯乙烯（PVC）树脂为主要原料，加上一定比例的稳定剂、着色剂、填充材料、紫外线吸收剂等，经挤压而成的型材；可通过切割、焊接或螺接的方式制成窗户框扇；超过一定长度的型材空腔内需要添加钢衬（加强筋）。这种窗框需要装配密封胶条与五金件等。塑钢窗的特点是材质轻、可设计，提升了窗户整体的保温隔热性能。但是随着科技的进步，这种窗体正逐步退出高端市场。

（2）玻璃是重要的建筑材料之一，根据不同用途和制造工艺可以分为很多种类，对建筑节能非常重要。

外门窗玻璃的热损失是建筑物能耗的主要部分，占建筑物能耗的50%以上。在建筑领域，玻璃的使用功能已经从传统的采光防风发展到现代建筑中具有隔热保温、节能并且具有装饰功能的玻璃幕墙外围护结构等。可以说，在减少室内湿热污染的预防当中玻璃已经成为其中的一个重要环节。

为了减少室内热损失和室内的湿热污染问题，可以通过采用改变玻璃的材料和结构的方法来加以解决。在现阶段主要采用具有特殊材料的 Low-E 玻璃和特殊结构的中空玻璃和真空玻璃来降低结构传热系数，消除结构体系"热桥"，降低空气渗透热损失和辐射热，提高窗体玻璃的节能性能。在我国绝大多数地区，可以采用 Low-E 玻璃来进行保温节能；在严寒地区或者保温要求很高的建筑中，则需要采用中空或真空玻璃来实现节能。

Low-E 玻璃是一种低辐射镀膜玻璃，在玻璃表面镀上多层金属或其他化合物组成的膜系，具有优异的隔热效果和良好的透光性。其镀膜层具有对可见光高透过及对中远红外线高反射的特性。有关研究资料表明，玻璃内表面的传热以辐射为主。经过镀膜处理的 Low-E 玻璃可以大大降低辐射造成的室内热能向室外的传递，能达到理想的节能效果。

Low-E 玻璃的优越性在于可通过对镀膜厚度和结构成分的精确控制达到所要求的光谱选择性透过或反射的指标。根据不同的建筑和地域特征，安装不同类型的 Low-E 玻璃，通过对光线的选择性达到节能和改善室内舒适度的目标。与传统的镀膜玻璃相比，既保证了建筑物良好的采光，又避免了以往大面积玻璃幕墙、中空玻璃门窗光反射所造成的光污染现象，营造出更为柔和、舒适的光环境。

中空玻璃由两层或多层平板玻璃构成，四周用高强高气密性复合黏结剂，将两片或多片玻璃与密封条、玻璃条粘接、密封，再在其中充入干燥气体，框内加入干燥剂，以保证玻璃片间的空气在不同室温条件下保持干燥。此外，中空玻璃的夹层中还必须充入惰性气体以保持内外气压平衡。中空玻璃具有良好的隔热、隔声功能，美观适用，能有效降低建筑物的自重。中空玻璃还具有节能、安全、防雾等作用，主要应用于建筑外墙、门窗、火车、轮船、电器产品等。

真空玻璃的特点是两层玻璃间抽成真空，玻璃之间是非常薄的，为了达到玻璃内外压力的平衡，往往会在玻璃之间排列整齐小球，用来支撑玻璃受外界大气压的压力。真空玻璃可以阻断能量的传导和对流，阻止声源传递，具有优异的绝热性能和隔声性能。

上面谈到的 3 种玻璃各具特点，在实际的工程实践中要根据不同地区的气候条件和建筑类型的特点进行合理选择。

此外，在夏热冬冷与夏热冬暖地区，建筑遮阳对建筑节能和热舒适度的影响非常重要。在门窗的设计中，遮阳技术是改善室内光热环境，提高室内舒适度和降低建筑能耗的一项重要技术措施。建筑遮阳技术主要包括：外门窗遮阳、屋面遮阳、墙面遮阳、绿化遮阳等。解决遮阳问题时还要充分考虑到采光、自然通风、视野等方面的问题，要在这几方面找到一个最佳的平衡点。

总体来说，室内湿热污染的预防要根据不同气候区域，从建筑选址、规划、外部环境及建筑朝向等多个方面进行深入研究，在此基础上根据居住者和房屋的实际情况采用功能建筑材料进行合理的设计和施工。随着技术手段的进步和舒适度要求的提高，人们还会不断改进和调整建筑形态，完善建筑的气候功能，这些都会使未来的建筑更加适于人类居住。

参考文献

［1］任天山. 室内氡的来源、水平和控制［J］. 辐射防护, 2001（05）: 291-299.

［2］孟超, 高燕, 于淼, 等. 城市电磁辐射污染的产生与危害［J］. 安全, 2005（05）: 29-33.

［3］冀志江, 韩斌, 侯国艳, 等. 石墨为吸波剂水泥基膨胀珍珠岩砂浆吸波性能研究［J］. 材料科学与工艺, 2011, 19（2）: 15-18.

［4］李耀中. 噪声控制技术［M］. 北京: 化学工业出版社, 2004.

［5］陈继浩, 冀志江, 王静, 等. 轻质复合墙体隔声性能研究［J］. 环境工程, 2012, 30（S1）: 9-12.

［6］熊子华. 室内温湿度多少最宜人［J］. 建筑工人, 2002（03）: 58.

［7］A V ARUNDEL, E M STERLING, J H BIGGIN, et al, T. D. Sterling. Indirect health effects of relative humidity in indoor environments［J］. Environmental Health Perspectives, 1986（65）: 351-361.

［8］周丽红, 王竹茹. 夹心保温复合墙体研究与探讨［J］. 砖瓦, 2008（09）: 111-114.

第四章

微生物污染预防与控制

第一节　微生物污染

一、了解微生物

微生物是指一切肉眼看不见或看不清的微小生物。其种类多、数量大、分布广，与人类"朝夕相处"，对生物体在世界上的"新陈代谢""生存"与"消亡"具有重要影响。

原生生物界、真菌界、原核生物界和病毒都属于微生物。原生生物界包括原生动物和单细胞藻类，真菌界中包括真菌和黏菌，原核生物界中包括细菌、放线菌、蓝细菌、螺旋体、立克次氏体和支原体等，病毒中包括病毒、噬菌体和类病毒等。

它们是自然界不可或缺的一部分，是大自然新陈代谢的重要一环，在我们的日常生产和生活中也扮演着重要的角色。比如属于真菌的蘑菇、灵芝有重要的食用和药用价值；酵母菌（yeast）在食品生产领域也有广泛的应用等。同时，很多微生物也会威胁到我们的健康，室内的霉菌（mould）、细菌等微生物在适宜的情况下可以在室内滋生、繁殖并污染空气，会引起人们眼部不适、过敏、哮喘、皮炎以及病态建筑综合征（Sick Building Syndrome，SBS），严重的可能导致疾病甚至死亡。

使人类致病最严重的是病毒，如对人类产生重大影响的新型冠状病毒COVID-19、SARS 冠状病毒（Severe Acute Respiratory Syndrome，SARS）、埃博拉病毒（Ebola virus）等，让人们一次次认识到病毒对人类的危害。很多种病毒是通过动物传播给人类的，可以说人类的发展过程也是一个与病毒抗争的过程。

关于室内微生物的研究已有上百年的历史。特别是近年来，随着我国工业化和城镇化进程的不断加快，自然环境的恶化问题逐渐显现。人们生活方式的改变，也使室内微生物污染呈现出新的情况和问题，已经引起了社会各界的高度重视。

目前，室内微生物污染已经成为民用建筑室内空气污染防治的一个重要的环境卫生问题，成为人们广泛关注的焦点之一。因此，研究并掌握室内微生物污染的来源、分布和控制方法，一方面可以有效减少微生物的危害和疾病的发生；另一方面，可以提高人们居住的室内空气环境质量和国家公共卫生防疫能力。在进行室内装修装饰时也要进行合理的设计和施工，选择合格的材料，把微生物对室内的影响降到最小。

本章将结合室内装饰装修时经常遇到的室内微生物污染的问题，重点分析霉菌、细菌、病毒对室内环境、人身健康的影响，以及从材料研究角度通过哪些措施减少室内微生物污染。

二、霉菌对室内环境的危害

1. 了解霉菌

真菌根据形态可分为单细胞和多细胞两类，单细胞类常见于酵母菌和类酵母菌，酵母菌大小为 $20 \sim 50 \mu m^3$，多细胞类多呈丝状，分支交织成团，一般称为霉菌。霉菌亦称"丝状菌"，常见的霉菌有根霉、毛霉、曲霉和青霉等。从显微镜发明以后，人们对霉菌了解得更清楚了。霉菌形成的菌落，开始的时候颜色很淡，随着菌丝不断扩展蔓延，颜色逐渐加深。常见的有黑、绿、白、灰、棕和土黄等颜色。它们的形状，有的像绒毯，有的像棉絮、蜘蛛网，菌丝长几毫米，肉眼往往也能看得见。菌丝是单细胞的或者多细胞的分枝，上面还能产生出孢子来进行繁殖。

在我们的日常生活中，霉菌除了能使食物、用具腐败、变质外，还会对装修材料特别是墙体围护材料产生破坏作用。霉菌自身无法移动，但由于体积小、附着力强，通常与空气中的其他颗粒物结合在一起，形成生物气溶胶，随空气流动扩散，形成传播。

2. 室内霉菌污染来源

室内霉菌的污染与室内物理环境、建筑围护结构材料的选择与构造、居住者的生活行为习惯相关联。霉菌孢子存在于自然界。

霉菌繁殖一般需要满足 4 个基本条件。

（1）被"激活"的孢子主要与液态水相关。

（2）生长的环境温度在 -8~60℃，相对湿度超过 45% 时，霉菌都可以生长繁殖，当相对湿度超过 75% 以后，霉菌数量将呈指数增长。

（3）被附着的材料具有一定的含水量。

（4）被附着的材料表面含有营养物质，如有机质、矿物质、灰尘等[1]。

当满足生长的基本条件后，霉菌的繁殖和代谢速率随环境中温度、湿度、氧气浓度等参数水平的不同而不同。例如，高致病性的黄曲霉，在相对湿度超过 78% 的环境中，其孢子在环境温度高于 10℃ 时即可萌发，此后生长速率随温度递增，在 30℃ 时达到最佳生长状态，在环境温度处于 6~45℃ 时，即使是处在孢子状态，黄曲霉依然可以产生真菌毒素，危害人体健康。

建筑围护结构的潮湿部位易滋生霉菌。室内热环境的不均匀性易导致结露水的产生。物理特性不同的建筑材料在材质交界、缝隙、围护结构的冷热桥等部位也容易发生结露现象，例如，受到地下水、雨水、管道渗漏造成的墙面渗水部位是霉菌滋生的高危区，卫生间、厨房等用水频率高的房间也是易发生霉菌生长情况。

室内霉菌污染还与居住者生活行为习惯有关。空调的送风口是一个重要的室内霉菌污染源，夏季室内空气湿度大时，空调送风口附近由于凝结水的存在极易滋生霉菌，霉菌孢子和代谢毒素将随气流向室内环境中扩散。空调管道内壁、过滤器上的灰尘、残留的冷凝水都导致极易滋生霉菌。淋浴系统、槽系统及洗碗机等与水接触多的地方易产生曲霉菌、青霉菌、枝孢菌等真菌生物气溶胶。

3. 霉菌对建筑及健康的危害不可忽视

南方沿海地区冬季温度相对低，但湿度降低不多，地面、墙面及物体表面经常有结露现象，一个冬季下来，墙壁、物品长霉的现象非常严重；北方地区虽然比较干燥，但冬季时采暖房间内外温差会很大，墙壁表面会有结露问题，到了夏季，在持续降雨的情况下也会造成大量霉菌的滋生。

由于建筑结构中的湿积累及引发的霉菌生长，在建筑墙体表面常常呈现出红、黄或黑色的污点，会使壁画凹凸不平，墙体表面或墙角腐蚀，装饰层脱落，同时还会出现建筑材料变软、粉化，保温材料性能降低的现象等。霉菌的存在影响建筑物美观的同时，也会损坏建筑的主体结构，会对建筑的使用年限造成严重威胁（图4-1）。

图4-1　涂料的防霉性能试验

霉菌不仅影响建筑物外观及使用年限，而且对人类健康也有很大危害。霉菌病原体包括具有活性或休眠的霉菌及其孢子，霉菌在生长繁殖过程中的代谢产物含有挥发性有机成分，即微生物挥发性有机化合物（Microbial Volatile Organic Compounds，MVOC），不仅让人闻到发霉的味道，还会与相应的霉菌一起作用，使人体产生不适反应，加重患者的头痛、眼睛及喉咙刺激、恶心、头晕、体乏等症状[2]。

美国疾病控制中心（CDC）报告称，长时间暴露在葡萄穗霉菌和其他一些霉菌的环境中，对婴幼儿的肝病发生起很大作用；法国的一项健康研究对1100名哮喘患者的研究表明，霉菌孢子是诱发哮喘的最大元凶；已有很多研究揭示了哮喘、过敏性鼻炎、过敏性肺炎等呼吸道疾病以及部分过敏反应与室内空气中霉菌的关联性。赞德保厄（Klaus Sedlbauer）总结了室内常见霉菌与相应的人体疾病类型（表4-1）[3]，轻者导致皮肤过敏，严重时可能造成器官受损甚至癌症。

表 4-1　霉菌可能引起的人类疾病调查

类别	描述	类型	器官感染/疾病	涉及的霉菌举例
真菌病 i	真菌在人体（体表）或体内寄生	表皮真菌病 ii	皮肤	烟曲霉（Aspergillus fumigatus） 小刺青霉（Penicillium spinulosum）
		内真菌病和系统性真菌病 iii	内脏，如心脏、肝脏、肾脏	黑曲霉（Aspergillus niger） 犁头霉属的某些种（Absidia sp.） 毛霉属的某些种（Mucor, sp.）
霉菌毒素中毒	霉菌毒素引起的中毒	黄曲霉毒素中毒	如肝炎、原发性肝癌	黄曲霉（Aspergillus flavus） 寄生青霉（Penicillium parasiticus）
		青霉菌毒素中毒	地方性肾病心脏型脚气病	纯绿青霉（Penicillium verrucosum） 黄绿青霉（Penicillium citeovinde）
		镰刀菌毒素中毒	如癌症、摄食性白细胞缺乏症	拟枝镰刀菌（Fusarium sporotri-chioides） 犁孢镰刀菌（Fusarium poae）
		链格孢菌毒素中毒	阿肯病（onyalai）	来自高粱点霉（Phoma sorghina）的细交链孢菌酮酸和盐
		蒲涛穗霉菌素中毒	—	黑葡萄穗霉（Stachybotrys atra）
霉菌过敏	湿润黏膜与真菌的接触	支气管哮喘	—	多种藻菌纲（的真菌）（Phycomy-cetes）
		过敏性肺泡炎	肺	曲霉属（Aspergillus species） 青霉属（Penicillium species）

i 现已知更多的真菌病，如毛霉菌病、接合菌病、暗色丝状菌病以及耳真菌病。
ii 区分为曲霉病和青霉病。
iii 区分为曲霉病和藻菌病。

　　总之，室内环境中的霉菌对人身健康、建筑、物品都有很大的影响，室内环境避免或减少霉菌的滋生与繁殖应得到人们的重视。降低空气湿度、避免凝结水是降低室内环境中霉菌污染的主要策略。做好围护结构防水与防渗，定期清理角落和缝隙处的灰尘，降低围护结构内温度分布和室内热环境的不均匀程度，适当使用具有抗菌防霉、防结露等功能的材料，是预防和控制霉菌污染的关键。当然居住者养成良好的卫生习惯，多开窗通风，都有助于降低霉菌孢子附着和萌发的风险。

三、细菌和病毒的危害

1. 了解细菌和病毒

细菌（英文：Germs；学名：Bacteria）是单细胞原核型微生物，有广义和狭义之分。广义上泛指各类原核细胞型微生物，包括细菌、放线菌、支原体、立克次体、螺旋体。我们通常说的指狭义上的细菌。细菌按其外形主要有球菌（coccus）、杆菌（bacillus）、螺形菌（spiral bacterium）3 大类，是自然界分布最广、个体数量最多的有机体，是大自然物质循环的主要参与者（图 4-2）。细菌个体的大小根据种类的不同而不同，绝大多数细菌的直径在 $0.5 \sim 5.0 \mu m$，一般球菌的大小为 $0.5 \sim 1 \mu m$，杆菌大小为 $(0.5 \sim 1) \times (1 \sim 3) \mu m$，单个细菌细胞的体积一般为 $0.1 \sim 5 \mu m^3$，单细胞藻类为 $(5 \sim 15) \times 10^3 \mu m^3$。细菌适宜的生存温度是 $25 \sim 60 ℃$。

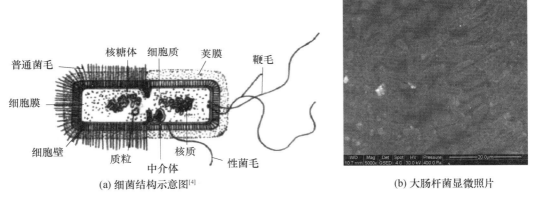

(a) 细菌结构示意图[4]   (b) 大肠杆菌显微照片

图 4-2　细菌结构示意图和大肠杆菌显微照片

病毒是一类非细胞型微生物，颗粒微小，最大的约为 300nm，最小的仅 20nm 左右[5]。病毒不具有细菌的细胞结构，它由核衣壳包裹遗传物质所构成。病毒是一种非细胞形态的微生物，它体积小，小到高倍数的光学显微镜也看不到，只能用电子显微镜才能观察到。它无细胞器，由基因组核酸和蛋白质外壳组成。基因组仅含一种类型的核酸，或者是核糖核酸（RNA）或者是脱氧核糖核酸（DNA）。

病毒缺乏完整的酶系统，不能独立进行代谢活动，因而不能像细菌一样进行自我繁殖。病毒感染后，先进入人体血液内，形成病毒血症。随后只能严格地寄生在人体靶细胞内，利用细胞的生物合成机器进行自身的复制并释放子代病毒。例如，新型冠状病毒、SARS 冠状病毒、中东呼吸综合征冠状病毒同为可使人类传染致病的 β 属冠状病毒，是一组具有高度变异率的、有包膜的、大（28～32kb）单链 RNA 病毒，病毒包膜上有向四周伸出的凸起，因形如皇冠而得名（图 4-3）。冠状病毒能够导致人类的呼吸、肠道和神经系统疾病。

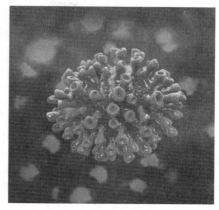

图 4-3　新型冠状病毒（2019-nCoV/novel coronavirus）照片
来源：《柳叶刀》（*The Lancet*）。

　　细菌、病毒这一类微生物在空气中是不能单独存活的，常在比它们大数倍的颗粒物中发现，而且也不是以单体的形式存在，而是以菌团或孢子的形式存在[6]。附着微生物的微小颗粒物可进入人体呼吸系统，通过肺部的毛细血管网进入肌体内部，严重危害人体的健康。

2. 室内细菌、病毒的来源

　　与霉菌不同，细菌对建筑的影响不如霉菌那么显著。在日常生活中，我们基本感觉不到它的存在，但它在室内还是会大量存在。

　　细菌的主要来源有 3 个方面。

　　（1）与室外空气中的细菌数量呈正相关，伯克霍尔德菌（Burkholderiales）、假单胞菌（Pseudomonadales）、黄杆菌（Flavobacteriales）、链霉菌（Streptophyta）等室外空气中常见细菌在室内空气中也有较高浓度[7]。

　　（2）居住者包括宠物是室内细菌来源。Bouillard 等人[8]发现，人类正常菌群代表微球菌（Micrococcus）、葡萄球菌（Staphylococcus）和链球菌（Streptococcaceae）是办公楼空气中最常见的细菌，说明人类居住在一定程度上影响了室内空气中的细菌群落组成。人类皮肤与宠物释放的细菌约占室内细菌总量的 4.9% 和 6.3%，宠物的皮屑及其产生的其他具有生物活性的物质，如毛、唾液、尿液中含有大量细菌，人类粪便中一半以上的固体都是细菌，每次冲厕所会产生 145000 个可在室内停留数分钟甚至数小时的气溶胶颗粒[9]。而室内地板（约占室内细菌来源的 12.5%）和地毯（约占室内细菌来源的 7.0% ）是室内细菌重要的储存库。

（3）管道和空调系统是室内细菌的另一个重要来源，也是室内机会性致病菌的来源之一。Jr. D. Dondero T 等人[10]确认室内军团杆菌的爆发与空调冷却塔污染有关，Ager B. P. 和 Tickner J. A.[11]证明暖通空调系统为军团杆菌的生长提供了有利条件，还有研究表明，淋浴装置和热水龙头在使用过程中可以向空气中释放军团杆菌，所以要特别注意按时对空调系统进行清理。

病毒与细菌和真菌不同，室内空气中的病毒浓度与室外环境的关系并不明显，人类活动是影响室内空气中病毒的群落结构和数量的主要因素。Lindsley 等人[12]研究发现，流感患者感染后每次咳嗽会产生约 75400 个颗粒物，患者恢复期每次咳嗽后会产生约 52200 个颗粒物，而这些颗粒物中含有病毒。人呼吸道和唾液中携带许多其他类型的细菌和病毒，因此在咳嗽、打喷嚏、说话、甚至呼吸时，都会向室内空气中释放微生物，当这些微生物为致病微生物并达到一定浓度时，可能会引起人体健康损伤甚至造成人体死亡。流感病毒、人鼻病毒、冠状病毒、腺病毒、呼吸道合胞病毒、肠道病毒等是室内环境中常见并且易传播的病毒。

3. 细菌、病毒对健康的危害

由于细菌广泛地存在于室内的空气、水中，再加上现代建筑室内的密闭性普遍较高和室内空调的大量使用，使得室内空气很容易受到细菌的污染。军团菌病、结核病等属于典型的细菌性疾病，人类暴露在较低浓度的相关细菌生物气溶胶中即有很高的感染风险。军团菌病是由于感染了嗜肺军团菌所患的肺部疾病，通风和空调管路中积水内最易滋生嗜肺军团菌，再通过气溶胶形式散布在空气中。还有，如果新装修的房子在墙壁尚未干透的时候就入住，就可能由于墙壁涂料的挥发而使室内空气十分潮湿，使室内空气中充满涂料的溶胶状气体，在这种环境中非常适宜于一种叫作博杰曼型军团菌的生长。研究表明，这种细菌很容易使人患上肺炎。

病毒对人体健康、人们的社会生活的危害，人类已强烈感受到了，从SARS 冠状病毒、中东呼吸综合征（MERS）冠状病毒、埃博拉病毒、H7N9流感病毒，到 COVID-19 新型冠状病毒，病毒引发大规模公共安全事件，人们因感染病毒而身体受损，严重到死亡，不断提醒人类与病毒的对抗是永不停息的战斗。

第二节　室内微生物污染的预防与控制

室内空气微生物包括一百多种细菌、真菌、病毒粒子等，并以气溶胶的形式存在于空气中。很多空气中微生物可以分泌如霉菌毒素这样对身体有害的毒素物质，还有传染性病原体、致病菌等都严重侵害人体健康。因此室内微生物污染的防控工作尤为重要。

具体防控措施应从 3 个方面入手，即严格执行室内微生物数量限定标准，减少室内有害微生物的滋生，降低室内已有微生物浓度。下面具体阐述 3 方面的措施。

一、控制环境条件、改变生活习惯可以减少室内微生物繁殖

对于室内微生物的防控，首要的是从源头上减少有害微生物的滋生，即源头控制。

1. 控制室内空气湿度

根据世界卫生组织 2009 年发布的关于提高室内空气质量的指导方针，过高的室内空气湿度是滋生大量细菌和真菌的重要原因。2013 年科罗拉多博尔德的洪水研究显示[13]，被水淹过的房间中的微生物种类大大超过了没有被淹过的房屋中的微生物种类，真菌浓度甚至达到了后者的 3 倍。较高的环境湿度和来自围护结构结露和渗漏的液态水都易造成室内霉菌大量繁殖。

在南方回南天等高湿环境下，空气除湿机和空调都可以有效抽取空气中的水分，减低室内湿度，也可以使用一些新型调湿材料来辅助调整室内湿度，保持室内空气干燥。当然在天气晴朗阳光充足时，开窗通风是最直接、最经济实惠的除湿方法。

2. 保持室内清洁卫生和良好的生活习惯

室内空气中微生物的含量与室内的卫生状况密切相关，食品腐败、餐厨垃圾等都易滋生大量微生物，还会向空气中释放游离的孢子，如黄曲霉毒素。当居住者闻到腐臭发霉味道时，已有可致病的微生物挥发性有机化合

物（MVOC）释放到空间了。人在日常生活中（包括宠物）会产生大量微生物，我们每天都暴露在数以万计肉眼不可见的微生物环境中，微小的细菌病毒会附着在空气中的尘埃颗粒物上，落在物品表面的带菌颗粒物中微生物会有或长或短的存活时间，一些致病菌因呼吸、手、皮肤接触带入人体就会致病。因此要保持室内清洁卫生，勤打扫，减少室内微生物的停留和繁殖，养成勤洗手、常消毒等良好的卫生习惯，减少微生物对人体的侵害。

3. 合理使用空调设备

从降低室内空气微生物含量角度考虑，空调设备的使用使室内环境相对封闭，空气基本在室内循环，易导致室内空气微生物激增无法排出，定期向室内引入新鲜空气对降低室内微生物含量、改善室内空气质量尤为重要。空调要有新风系统配合一起使用，或定期开窗通风是最好的。

空调系统是室内最重要的微生物污染源之一。空调通风系统中过滤器、管道系统、换热器、冷盘管、加湿器、凝结水盘等都是容易发生微生物污染的地方，对于中央集中空调冷却塔中滋生的军团菌等有害微生物，通过空调风道进入房间，危害很大。使用者应定期清理和维护空调设备的过滤器、通风管道等关键部位，保证空调和通风系统的清洁度。

在我国卫生部 2008 年颁布实施的《公共场所集中空调通风系统卫生管理办法》中对公共场所集中空调通风系统有具体的卫生要求[14]。其中第十一条明确指出：“有下列情况之一的，公共场所经营者应当立即对集中空调通风系统进行清洗和消毒，待其检测、评价合格之后方可运行：（1）冷却水、冷凝水中检出嗜肺军团菌；（2）空调送风中检出嗜肺军团菌、β-溶血性链球菌等致病微生物；（3）风管积尘中检出致病微生物；（4）风管内表面细菌总数每平方厘米大于 100 个菌落形成单位；（5）风管内表面真菌总数每平方厘米大于 100 个菌落形成单位；（6）风管内表面积尘量达到每平方米大于 20g；（7）卫生学评价表明需要清洗和消毒的其他情况”。在此列出具体条款，供读者了解，可在实际生活中以此评判所处环境的空调系统卫生安全性。

二、室内环境的消毒杀菌

现实室内环境中即使注意了卫生、通风、用材等，空气中还是会存在大量的有害物生物，特别是一些人流量大的公共场所。“十二五”期间中国建筑材料科学研究总院承担的国家科技支撑计划"建筑室内健康型建材技术及产品研发（课题编号：2012BAJ02B08）"课题中关于抗菌建材研究方面，合作单位广东省微生物研究所对广东地区不同场所进行空气中细菌总数、霉菌监测，结果如表4-2所示。

表4-2　广东地区各功能区的空气微生物年平均含量

功能区		细菌总数（CFU/m³）	霉菌总数（CFU/m³）	微生物总数（CFU/m³）	霉菌百分比（%）
室内空气	地铁站	1013	154	1167	18.0
	火车站售票厅	1950	561	2511	22.3
	酒店大堂	981	718	1699	42.3
	民用住宅	750	670	1420	47.2
	垃圾压缩站	2662	1911	4573	41.8

从表4-2中可以看出，在火车站售票厅、地铁站这样人流量大的地方，室内细菌数量很高，在垃圾处理站这样的特殊地方细菌数量最高。

研究团队对珠三角地区地铁站、火车站售票厅、酒店大堂、垃圾压缩站、民用住宅几个功能区空气中的优势霉菌进行了调查，26个观测点共鉴定出17属的空气真菌，其中优势菌属依次为青霉属、链格孢属、曲霉属和枝孢属，基本上在26个取样点和全部的取样时间都出现，它们占总数的90%以上。珠三角地区10个市（县）的企业车间空气和墙壁中的霉菌有12个优势霉菌属，24种优势霉菌。其中最常见的是曲霉属和青霉属，其次是短梗霉属、根霉属、毛霉属、木霉属和交链孢属等。

从很多的测试数据和实际情况看，即使人们注意了从源头上减少室内有害微生物的产生，但是由于人员活动、环境气候等复杂多样，室内特别是公共场所的室内环境还是会存在一定的有害微生物。以下分别介绍治理或降低室内有害微生物的方法。

1. 通风换气

通风换气是降低室内微生物污染的一种经济、简便的方法。根据通风动力的不同可以分为自然通风与机械通风两大类。自然通风是完全依靠室外风力造成的风压和室内外空气温度差所造成的热压使空气流动，达到利用室外新风降低室内微生物污染的目的。这种防治方法的优点是节约能源、对环境无污染、管理方便，其缺点是对气候条件依赖大，风量不稳定。

机械通风克服了自然通风的上述缺点，可以依靠机械的动力和人为设计的气流运动路线使室外空气更有效地发挥消除室内污染，改善空气质量的作用。

2. 过滤通风

这种空气过滤技术可以用来净化空气中的微生物和颗粒物。它将环境气流一次性通过过滤装置，将微生物拦截在过滤装置上，从而达到减少室内微生物的目的。室内常见的空气过滤技术包括大型建筑的集中式空气处理设备和一般民用建筑的室内空气净化机。利用过滤设备对空气中有害物质进行过滤处理，再将干净的空气送入室内，达到净化室内空气的目的。不方便的地方是需要定期更换和清洗带有微生物的过滤器部件。

3. 紫外线照射

紫外线照射的杀菌原理是利用细菌中脱氧核糖核酸（DNA）和核蛋白的吸收光谱在 $200 \sim 300nm$ ，最强吸收峰在 $254 \sim 257nm$ 的特性，使用发射设备发出相应波长的紫外线，使细菌在吸收了紫外线能量后，生成嘧啶二聚体，破坏细胞内的核酸、原浆蛋白酶和 DNA 的复制，导致其死亡。

紫外线照射消毒易受温度和湿度以及污染微生物种类等因素的影响，在实际应用时还要结合不同建筑的特点与其他设备相结合才能发挥比较好的杀菌效果。当温度为 $20℃$ ，相对湿度为 $40\% \sim 60\%$ 时，紫外线的杀菌效果最好。紫外线在建筑及空调系统中的应用形式主要有以下 3 种：①将紫外线灭菌灯安装于房间顶棚，是传统的被动式紫外线灭菌措施，一般照射 2h 就有很好的灭菌效果，医院的手术室也常使用这种消毒方法；②将紫外灭菌灯安装在空调系统或空气处理机组内，与空气过滤器或静电集尘器结合使用；③屏蔽式循环风紫外线消毒器，作为一种直接紫外线灭菌设备单独使用。

4. 臭氧灭菌

臭氧的分子由三个氧原子组成，化学性质极不稳定，在空气中遇到细菌时可以通过其分解产生的氧原子氧化细菌细胞壁，直至穿透细胞壁与其体内的不饱和键化合从而杀死细菌。臭氧在室温下与空气中的污染物起化学反应后最终生成对人体无害的 H_2O、CO_2 和 O_2。

室内的浓度、温度越高，作用时间越长，则臭氧的消毒效果越好。在相对湿度为 $50\% \sim 80\%$ 时臭氧的灭菌效果最好，因为此时病毒、细菌的细胞壁较疏松，易于杀灭。臭氧灭菌的优点为广谱杀菌、方便迅速、无残留死角。缺点是室内必须无人，不能在有人场合进行动态连续的空气消毒，且能够损坏物品，对物品表面的微生物作用缓慢。应注意如果臭氧也是污染气体，泄漏在室内空气中会污染空气，影响人的健康。

5. 化学药品消毒灭菌

这种方法是利用化学药物渗透细菌体内，使菌体蛋白凝固变性、干扰细菌酶活性、抑制细菌代谢和生长或损害细胞膜的结构、改变其渗透性、破坏其生理功能等，从而起到消毒灭菌的作用。常用的化学消毒方法有浸泡法、擦拭法、熏蒸法和喷雾法。例如，可以使用 84 消毒液或含氯的消毒水对室内进行喷洒或擦洗，使用醋熏蒸房间。医院常用的消毒灭菌方法除了高温高压和紫外线物理方法以外，常使用甲醛、戊二醛、臭氧、过氧乙酸、"84"消毒液等化学方法。在使用这些方法消毒时要注意对室内人员的保护，在消毒一段时间后应打开门窗，做好室内通风。

第三节　如何选择抗菌防霉的装饰装修材料

装饰材料的性质会影响室内微生物的繁殖与生存，对室内微生物污染影响巨大，以下就材料的抗菌防霉性能进行论述。

建筑装饰材料类型的选择对环境中微生物有很大影响，建筑材料的物理化学性质影响了环境微生物的生长和繁殖。有机装饰材料会成为霉菌的培养基，利于微生物的繁殖；虽然病毒离开人体不能繁殖，但存活时间也会不同，如新冠病毒在不同的材料表面生存时间不同。

一、装饰材料与微生物繁殖的关系

我国南方地区多雨潮湿，一年中有很长一段时间是"黄梅天、回南天"，严重的时候房间内墙面、地面等处总是湿漉漉的甚至流水。在这样的环境下，若墙面使用壁纸，一个雨季下来就会有表面和内部霉变、翘边等现象出现；若墙面使用高档乳胶漆，可能会出现结露、长霉、脱落等现象，严重影响材料使用寿命。这些现象说明在环境条件利于微生物繁殖的情况下，有机材料很容易发霉。有机质材料是霉菌的培养基，易于霉变。

材料霉变和材料的性质相关。无机基质材料一般不利于霉菌或细菌的繁殖。首先，无机材料一般不会成为一些微生物的营养源；其次，材料的酸碱性不同，微生物的适应性不同，如碱性较强的环境不利于微生物繁殖。在南方高湿环境下，室内墙面装饰材料最好使用无机质为主的材料，建议使用透气性好、多孔、无机、防结露以及具备一些吸放湿性、防霉等功能性的新型硅藻泥、贝壳粉装饰壁材，减少墙面长霉状况发生，提升材料使用的耐久性。当然北方冬季采暖房间内外温差也易造成墙面结露而产生霉变，也推荐使用新型的多孔无机装饰壁材。

有机质建材会成为霉菌的培养基，利于霉菌的繁殖。对于通风不好的房间，或房间中通风不好的部位，以及靠近房间中用水部位，应尽量减少木质板材的使用。长时间密闭或与水有接触，木质材料极易长霉，霉菌孢子飘到空间中就增加了环境中有害微生物的量。

洛迪硅藻泥

材料的呼吸透气性好不利于霉菌的繁殖。对于地下室、食品车间、洗衣房、医院等特殊房间，墙面、顶面、地面等的装饰装修材料建议使用呼吸透气性好、具有抗菌防霉和调湿等功能性的材料，减少因材料长霉长菌而增加环境中有害微生物的量。

二、建材也能抗菌

科技进步特别是新材料技术发展让各种抗菌产品逐渐走入人们的生活，如抗菌涂料、抗菌陶瓷、抗菌板材、抗菌不锈钢水槽、抗菌冰箱、抗菌洗衣机等，居家中很多物品增加抗菌功能，对落在物品表面的有害微生物起到抑制其生长繁殖或直接杀灭的作用，从而减少了环境中有害微生物的量。抗菌建材及各种制品的兴起发展要从抗菌材料技术发展说起。正是因为20世纪90年代初无机抗菌材料的研究，开启了抗菌建材这一新功能建材产品。下面就抗菌材料和抗菌建材分别做介绍。

（一）抗菌材料有多种

抗菌材料主要分为天然抗菌材料、有机抗菌防霉材料和无机抗菌材料三大类。

1. 天然抗菌材料

早在几千年前，古埃及就用肉桂、焦油等防腐物质来制作木乃伊防止细菌等的滋生，中国在《本经逢原》中就记载了竹子的抗菌功效。近代天然抗菌材料主要包括从动物中提取的甲壳质、壳聚糖和昆虫抗菌性蛋白质等，以及从竹子、桧柏、艾蒿、芦荟、茶叶等植物中提取的抗菌成分。常见的有壳聚糖、山梨酸钾、茶多酚等，这些抗菌材料一般在食品、医疗、纺织、化妆品等产品中应用。

2. 有机抗菌防霉材料

第二次世界大战时期，为减少因细菌感染带来士兵死伤而开始了有机合成抗菌材料的研发和应用。有机抗菌剂按照聚合物的多寡可以分成低分子和高分子两大类。低分子有机抗菌剂主要有季铵盐类、季磷盐类、双胍类、醇类、酚类、有机金属、吡啶类、咪唑类等。高分子有机抗菌剂是在低分子有机物的基础上，通过抗菌剂单体化合物的聚合得到。通过在聚合物中直接引入抗菌官能团制备有机抗菌剂，按照官能团的疏水亲水性，可以分为水溶性和水不溶性有机抗菌剂。水溶性的有吡啶季铵盐、双季铵盐等，水不溶性有机抗菌剂有烷基化吡啶盐等。

有机抗菌剂种类多达 500 多种，根据用途又可分为杀菌剂、防腐剂和防霉防藻剂。杀菌剂指可有效杀死微生物的抗菌剂，主要有季铵盐、乙醇、双胍类化合物等，常用于机器表面和皮肤除菌、食品加工厂和餐馆杀菌、水处理等；防腐剂是指可防止、减缓有机质的腐败变质的抗菌剂，常见有甲醛、有机卤素化合物及有机金属等，常用于家庭用品、水处理及船舶等；防霉防藻剂是指防止材料、物体长霉长藻变质的抗菌剂，主要有吡啶、咪唑、卤代烷及碘化物等，常用于涂料、壁纸、塑料、薄膜及皮革等。

建材产品中液态涂料是需要做防腐防霉处理的，因此早在抗菌建材提出前就应用一些防霉防腐材料到涂料产品中，以往常用的防霉剂产品按活性组分大致有异噻唑啉酮类、苯并咪唑类、碘炔丙基类、取代芳烃类、二硫代氨基甲酸盐类。现在根据欧洲等国对涂料所使用材料生物安全性最新规定，以及我国出台的《绿色产品评价 涂料》（GB/T 35602—2017）中对安全性规定，有 13 种抗菌组分将限制其含量，已有的经常使用的抗菌防霉材料将大部分被淘汰。总体来说，有机抗菌防霉材料虽然抗菌防霉效果明显，但由于其有毒性、易产生耐药性和长效性差等缺点，有其使用的局限性。

3. 无机抗菌材料

与有机抗菌剂相比，无机抗菌材料具有长效、不产生耐药性、耐热等优点。近 30 年来无机抗菌材料日益得到广泛开发和应用，按抗菌机理分纳米光催化型和金属离子金属氧化物两大类。

纳米光催化型无机抗菌剂一般包括纳米 TiO_2、纳米 ZnO 等材料。纳米材料是由 $1 \sim 100nm$ 间的粒子组成，由于其具有小尺寸效应、表面效应、量子尺寸效应、宏观量子隧道效应、介电限域效应等特征，使纳米材料在光学性质、化学反应性、磁性、超导等许多物理和化学方面都显示出特殊的性能。对于纳米 TiO_2 与细菌作用研究方面，日本较早研究并提出 TiO_2 薄膜光催化产生的活性氧能够减少大肠杆菌等细菌的存活，多国学者都有研究表明纳米 TiO_2 及以其为基础制备的抗菌净化材料对有机物具有降解作用。但是，应注意光催化材料必须有紫外光的存在，否则抗菌性不能充分发挥，光催化抗菌材料用在建筑外墙易发挥作用。

金属离子或金属氧化物型无机抗菌材料一般采用抗菌作用强的金属离子或金属氧化物，利用吸附或离子交换等方法，在硅酸盐、磷酸盐、玻璃等载体上形成的无机抗菌材料。Ag、Cu 和 Zn 是目前研究较多的金属型抗菌材料，其中 Ag 系无机抗菌材料已有很多产业应用并被公认为抗菌效果好的无机抗菌材料。日本在 20 世纪 80 年代就开始集中研究银系无机抗菌剂及其在塑料中的应用，目前品川燃料、钟纺、石冢硝子及东亚合成等公司都有各种 Ag 系无机抗菌剂推出。其实在古代人们就使用银器盛食物保鲜，《本草纲目》中描述了银作为抗菌剂可控制有害菌对人体的侵害。现在的 Ag 系无机抗菌材料就是要通过矿物担载、离子交换等手段做出含银并性能稳定的材料，使用中可耐高温、可缓释，又不影响制品的其他性能。

许多在居住环境中使用量多且与人接触多的建材产品在制备过程需要高温处理，如陶瓷砖、卫生洁具、搪瓷、玻璃，实现抗菌功能要考虑成本增加，要考虑安全性及材料的耐温性等。正是无机抗菌材料研发推出，解决了这些问题，才使抗菌建材成为可能。

20 世纪 90 年代初，中国建材研究总院在国内率先开展了无机抗菌材料及抗菌建材的研究工作。目前为止，定型已产业化的抗菌材料有 3 种。一是可耐 1200℃ 高温的玻璃载银无机抗菌材料，适用于陶瓷、卫生洁具、搪瓷、塑料等高温型制品增加抗菌功能，该材料已实现量产并在多家陶瓷企业试用。二是矿物负载有机无机复合抗菌防霉粉体材料，主要作用机理是银离子缓释和胺基防霉组分实现高效持久抗菌防霉功能，适用于涂料、干粉壁材、腻子等制品增加抗菌防霉功能，该材料已在多家无机干粉壁材企业中有应用，使壁材产品在南方潮湿地区、地下室封闭地区使用无长霉长菌现象发生。三是研究团队"十三五"期间在国家重点研发计划课题的支持下研发出的矿物负载植物复合型抗菌抗病毒材料，该材料采用改性多孔硅藻土矿物负载植物提取物，天然植物抗菌成分更环保更安全，经国家级权威部门检测，对流感病毒有一定的抗抑作用。

（二）抗菌建材的种类

抗菌建材是一类具有能够杀灭或抑制环境中细菌、霉菌等微生物生长和繁殖的建材制品。也就是在使用建材产品的过程中，如墙面的涂料漆膜、陶瓷砖、玻璃等，对落在表面的环境空间中的细菌微生物有杀灭或抑制生长作用，而不是涂料、木板等在储存过程中的防霉防腐。

国际上最早提出并开发抗菌建材的国家是日本。20 世纪 80 年代末，日本 TOTO 和 INAX 两大建筑陶瓷公司先后推出了光催化抗菌陶瓷和含银抗菌陶瓷。我国紧跟其后。20 世纪 90 年代初，中国建材科学研究总院研究制备了光催化镀膜抗菌陶瓷和抗菌玻璃，随后陆续开发了含银抗菌陶瓷、抗菌涂料、抗菌木质板材等，先后与苏州立邦、佛山金意陶、北新建材等多家企业合作推出各种抗菌建材产品。中国建材科学研究总院 1998 年向国家发改委申请，2002 年完成并出台了国内外第一个抗菌建材的行业标准《抗菌陶瓷制品抗菌性能》（JC/T 897—2002）（2014 年完成了对该标准的修订），随后《建筑用抗细菌塑料管抗细菌性能》（JC/T 939—2004）、《镀膜抗菌玻璃》（JC/T 1054—2007）、《抗菌涂料》（HG/T 3950—2007）、《抗菌涂料抗细菌性能评价方法》（GB/T 21866—2008）、《抗菌防霉木质装饰板》（JC/T 2039—2010）等关于抗菌建材的国家和行业标准陆续制定出台，这些标准的推出也标志着抗菌建材作为一类功能型建材得到行业和市场的认可。

（1）抗菌防霉功能墙面涂层材料

居室中墙面和顶面是使用材料量最多，暴露空间中面积最大、与空气中微生物接触较多的地方，材料是否不利于微生物滋生繁殖、是否能杀灭或抑制微生物的生长就很重要了。那么，如何有效抑制墙面上的细菌滋生呢？除了用消毒、通风等各种方法减少环境中的微生物，从而减少墙面微生物滋生外，我们还可以从细菌等有害微生物生存条件来研究。微生物生存需要水分、有机物和氧气，且生存环境的酸碱度 pH 要求为 3~8。而在正常生活环境里，水分和氧气是必不可少的，所以阻断微生物生存的一个有效办法就是降低有机物含量。实验证明，在有机物含量极低的环境里，微生物难以获得生存所需要的营养物质，不能长期生存和繁殖。因此，墙面不易滋生有害微生物还有一个有效方法就是墙面材料尽量不使用含有机成分的材料，或者说降低墙面的有机物含量。

在现代装修中，无论是居家场所还是公共场所，墙面装饰材料使用较多的是壁纸和涂料，壁纸的封闭性和壁纸所使用的有机胶粘材料都使得壁纸墙面极易长霉，滋生微生物。常用的乳胶漆装饰涂料，乳液含量越高，封闭性越好，表面易结露长霉，乳胶漆中含有的乳液、纤维素助剂等大量有机物也是细菌生长的有利环境。相较各种材料，有机物含量越低，越能体现较好的抑菌效果（图4-4）。

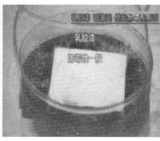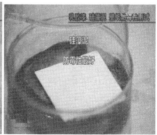

图 4-4　涂层材料的抗菌实验照片

图片来源：央视 2 套《消费主张》栏目 2016 年 4 月 28 日节目报道。

在现有的墙面涂装材料中，有一种有机物含量极低、抑菌抗菌效果极好的材料是硅藻泥。首先，硅藻泥的主要成分是硅藻土，硅藻土本身是一种多孔无机矿物，可以吸附空气中的水分、带菌粒子，降低环境中菌含量；其次，硅藻泥的配方大多使用水泥、石灰、石膏等无机凝胶材料为黏合剂，其他填料辅料也是无机材料，产品中几乎不含给微生物提供营养物质的有机物，从而抑制细菌的滋生和繁殖；最后，硅藻泥所使用的无机胶凝材料可使墙面呈碱性，碱性环境对微生物有一定的杀抑作用。当然还有一些厂家为了增强硅藻泥在特殊环境中使用的抑菌作用，还会添加一些安全型抗菌防霉材料，在高湿、密闭等环境下能更有效地抑制微生物的滋生和繁殖。

乳胶涂料通过添加漆膜抗菌材料也可以实现涂料在上墙使用中的抗菌防霉功能。例如添加了纳米银和磷酸锆载银无机抗菌材料的乳胶涂料，用抑菌圈法进行抗菌实验，能够观测到对比未添加抗菌材料的涂料有明显的抑菌圈（图4-5）。将涂料制成漆膜，表面涂上大肠杆菌并作用6h后，在电子显微镜下观测如图4-6所示，得到结论漆膜表面有银元素，漆膜对表面的大肠杆菌

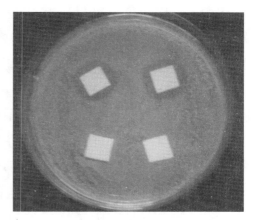

图4-5　抗菌与无抗菌性涂料抑菌圈比较

有明显的抑制生长和杀灭的作用。环境中的细菌若在漆膜表面形成吸附层，菌细胞和漆膜接触部分会因细菌的分泌物而在微环境中形成液态，漆膜表面的Ag系抗菌成分在液态中Ag$^+$溶出而与接触的菌作用，杀死或抑制表面的细菌，这应该是含银系抗菌成分的抗菌涂料抗菌作用过程。

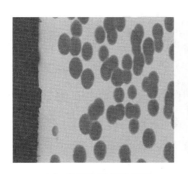
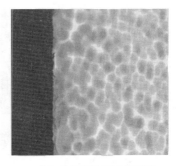

(a) 抗菌涂料有抑菌带　　　　　　(b) 非抗菌涂料无抑菌带

图4-6　抗菌涂料有无抑菌带比较

（2）抗菌陶瓷

陶瓷和人们的生活息息相关，从建筑墙地砖、卫生洁具，到碗盘等日

用品，人们在家里或公共场所都会与大量陶瓷产品频繁接触。在陶瓷企业不断寻求产品突破的过程中，功能性陶瓷是很重要的一个发展方向。很多企业陆续推出抗菌瓷砖、抗菌卫生洁具、抗菌日用瓷等产品。

日本是研究开发抗菌陶瓷最早的国家。日本 TOTO 公司于 1993 年开发了光催化抗菌陶瓷，日本 INAX 公司开发了含银抗菌陶瓷，并均申报了日本专利和国际专利。我国最早研究抗菌陶瓷技术的是中国建筑材料科学研究院冀志江团队，现在佛山多家建筑陶瓷企业，如佛山欧神诺陶瓷有限公司、佛山讴歌陶瓷有限公司、山东欧冠陶瓷有限公司等陆续有抗菌陶瓷产品推出。目前国内外实现陶瓷制品的抗菌功能一般有 3 种方法，一是将耐高温银系抗菌材料添加到釉料中，形成抗菌釉，施涂于瓷砖最上层，然后烧制。对于表面进行喷墨装饰的陶瓷可以将抗菌材料加到油墨中，制成抗菌陶瓷油墨烧制。二是对烧制好的陶瓷表面用溶胶-凝胶法镀上具有光催化抗菌功能的二氧化钛薄膜，通过半导体光催化反应产生羟基自由基与微生物作用达到抗菌目的。三是在陶瓷烧成预热段到高温段之间增加一道喷涂纳米银抗菌液于表层的工序，然后一次烧制完成。

（3）抗菌防霉功能木质装饰板

抗菌防霉功能木质装饰板是一类具有抑菌和防霉变功能的新型环保功能型木质板材产品，主要通过添加抗菌防霉组分，使板材在达到原有装饰功能的基础上，还具有杀灭或抑制落在表面的细菌微生物、抑制减少板材霉变，从而改善环境空气质量的功能。最早推出抗菌木地板的企业是四川升达林产股份有限公司，之后如圣象、宏耐等知名地板企业也推出抗菌系列木地板，包括强化地板、实木地板、实木复合地板、竹地板等品种。

抗菌防霉木质板材根据不同板材特点，制备技术各不相同。木材本身的防腐处理一般是先去除木材组织中的氧气，再将抗菌防腐剂加压进入木材组织，再烘干提高产品的稳定性，最后在木材表面上涂防腐漆延长产品寿命；也可采用离子注入技术，直接将防腐功能材料注入到木材中。国内板材企业多采取表面涂刷或浸压等工艺实现实木板材抗菌防腐。

中国建材研究总院联合湖南福湘木业公司共同开发了抗菌防霉细木工板。这是一种将抗菌防霉材料按一定比例添加到胶粘剂中，将该胶粘剂按照一定的涂刷量涂于制好的厚贴面板上，贴上表层木皮，再经冷压、热压工艺形成抗菌防霉功能的细木工板（图 4-7）。

图 4-7　抗菌防霉细木工板的防霉性能测试情况

　　抗菌防霉功能板材不仅应用于医院、幼儿园、机房等环境卫生要求高的地方，也广泛应用到家庭、办公室、公共娱乐场所等地方，正逐渐被消费者认识。

　　（4）抗菌玻璃

　　近几年一种新型抗菌玻璃逐渐兴起。通过不同的方法，可以将抗菌剂添加到玻璃载体上，使其具有抗菌、抑菌、杀菌的功能。抗菌玻璃按其抗菌剂在载体上的存在方式不同分类，可分为可溶性抗菌玻璃、多孔抗菌玻璃、镀膜抗菌玻璃以及离子扩散抗菌玻璃，目前国内已技术成熟并推出产品的是平板镀膜抗菌玻璃。镀膜抗菌玻璃由于其保持了原玻璃产品的形状、对可见光透光率无太大影响、抗菌离子全部分散在其表面上、与细菌的有效接触面积大、不消耗抗菌剂等优点，可以应用到医院手术室、药厂制剂室等要求无菌，病房、食品车间等要求控制细菌的场所。还有冰箱中的玻璃、建筑玻璃、食品包装玻璃，宾馆、车站和机场的窗玻璃以及楼梯玻璃等易滋生细菌和易传播细菌的位置或场所都可应用镀膜抗菌玻璃。

　　国内对镀膜抗菌玻璃的研究自 20 世纪 90 年代初就已开始。中国建筑材料科学研究总院 1997 年推出了抗菌镀膜玻璃花瓶、水杯等技术产品。秦皇岛易鹏特种玻璃有限公司 2002 年左右研制出了 $Ag-TiO_2$ 抗菌镀膜玻璃，可见光平均透光率对 4mm 玻璃而言接近 80%，耐酸、耐碱性能良好。辽宁邦信新材料科技有限公司近年推出了复合功能抗菌玻璃，如热反射抗菌玻璃、减反射增透抗菌玻璃等。另据网上报道，北京中磁旭公司研制出采用真空镀膜法的 TiO_2 真空纳米抗菌玻璃，既可以应用在普通玻璃上生产建筑玻璃，使其兼具建筑用玻璃的坚固性和抗菌玻璃的卫生性，又可以应用在中空玻璃上，使其在中空玻璃隔声、隔热、保暖和阻挡紫外线等功能的基础上加上杀灭病菌的特性，还可应用在装饰性的玻璃上，如用在七彩变色玻璃上，可将装饰与净化环境有机地结合起来。

（5）抗菌塑料

塑料是一类应用广泛的高分子合成材料，在人们的日常生活中占有相当重要的位置，作为四大工程材料之一，已广泛地应用于工业、农业、建筑等许多领域。随着生活水平的提高，人们对健康环保建材需求的增加，具有抗菌功能的塑料得到研究和发展。

抗菌塑料在日本发展十分迅速，2000 年日本的抗菌塑料使用量超过了75000 吨。我国 20 世纪 90 年代末抗菌塑料进入飞速发展期，海尔集团率先研发推出抗菌系列家用电器，随后在国内众多家电企业掀起了"健康家电"风潮。目前国内外抗菌塑料主要应用于家庭用品、家用电器、玩具及其他一些领域。家庭用品主要集中于坐便器、洁具刷等浴卫用品和椅子、衣架、保鲜膜、笔等用品。家用电器是目前抗菌塑料应用广泛和使用量较大的行业，洗衣机、冰箱、空调、电脑键盘、电话机等用到塑料外壳的电器产品有很多都宣扬其抗菌功能。在室内装饰装修材料中，塑料给水管、PVC 地板等产品也有企业推出抗菌功能型产品。

（6）日常用品及其他

除了上述介绍的几种常见的室内用材料外，在我们日常生活中还可以在纺织品、不锈钢用品、皮革、纸张等很多方面利用抗菌材料达到杀灭和抑制微生物生长的作用。有企业推出抗菌窗帘、抗菌不锈钢水槽等产品，都为居室内抗击环境中或接触的有害微生物增加了更多物品品类。

总体来说，室内有害微生物的去除方式和方法众多，可根据实际情况选择适合的方法手段，减少室内微生物对人身健康的侵害。在进行室内装修选材时，除考虑装饰性、环保性、价格等因素外，可以考虑选择具有抗菌防霉、净化有害气体等功能型的建材产品，在日常生活中加强室内环境的保洁，把微生物对室内环境的污染降到最小。

第四节　室内环境微生物控制相关标准

很多国家根据不同室内环境制定适当的、科学的室内空气微生物数量限定标准，并严格执行，从而控制室内微生物总数，保证健康的室内生活及工作环境。2001年美国工业卫生协会（AIHA）就公布了不同环境空气中真菌孢子数量限定标准[15]，其中要求住宅楼真菌孢子数必须小于500CFU/m³，商业建筑内真菌孢子数必须小于250CFU/m³。其他国家也有类似的要求，如巴西要求室内微生物总数，特别是真菌数不得超过750CFU/m³；新加坡规定室内空气中细菌总数最多不得超过500CFU/m³；瑞典要求室内空气中细菌数不得高于500CFU/m³，真菌数不得高于300CFU/m³。我国自1996年起就制定了室内空气质量的控制标准，对空气中的细菌总数进行了限值，但当时未考虑霉菌污染的情况。

我国陆续出台了《室内空气质量》（GB/ T 18883）《健康建筑评价》（T/ASC 02）等国家、行业与协会的标准，涉及室内空气质量的控制和评价，标准中对于微生物污染的控制不再局限于微生物总数的限值要求，而是通过控制围护结构内表面冷凝情况间接控制室内微生物污染情况，具体见表4-3。

表4-3　自1997年以来我国出台的空气质量标准中针对霉菌（真菌）总数及物理环境（温度、湿度）的限值情况统计

标准名称/标准编号	物理环境		微生物		特殊说明
	温度（℃）	相对湿度（%）	细菌总数	真菌总数	
《室内空气中细菌总数卫生标准》（GB/T 17093—1997）（国家推荐性标准）			撞击法：≤4000CFU/m³ 沉降法：≤45CFU/m³		

标准名称/标准编号	物理环境		微生物		特殊说明
	温度（℃）	相对湿度（%）	细菌总数	真菌总数	
《室内空气质量标准》（GB/T 18883—2002）（国家推荐性标准）	冬：16～24 夏：22～28	冬：30～60 夏：40～80	菌落总数：≤2500CFU/m³		
《公共场所集中空调通风系统卫生规范》（WS394—2012）（卫生部标准）	冬：16～20 夏：26～28	40～65	送风：≤500CFU/m³ 风管内表面：≤100CFU/cm²	送风：≤500CFU/m³ 风管内表面：≤100CFU/cm²	集中空调系统宜设置去除送风中微生物、颗粒物和气态污染物的空气净化消毒装置
《民用建筑室内热湿环境评价标准》（GB/T 50785—2012）（国家推荐性标准）	内表面温度不低于露点温度				要求建筑围护结构内表面无结露、发霉等现象
《健康建筑评价标准》（T/ASC 02—2016）（中国建筑学会团体标准）	内表面温度不低于露点温度	30～70		霉菌（评分项：3分）	鼓励在霉菌易滋生区域，使用含有抑菌功能的表面材料，从源头防止霉菌的滋生
《婴幼儿室内空气质量分级标准》（T/CAQI 18—2016）（中国质量检验协会团体标准）	冬：16～24 夏：22～28	冬：30～60 夏：40～80	菌落总数：≤2500CFU/m³ 霉菌：1500CFU/m³（最低等级限值）		
《健康住宅评价标准》（CECS462—2017）（中国建设工程标准化协会团体标准）			1750CFU/m³（评分项：3分）	无霉菌滋生现象（评分项：3分）	要求建筑围护结构内表面无结露、发霉和返潮现象

资料来源：马琰等，室内霉菌污染的环境成因与健康人居，新建筑，2019（5）：28-31。

对于病原性特别是传染性微生物的防控国家还有一些法律法规。例如，面对新冠肺炎疫情，就要依据国家2004年修订实施的《中华人民共和国传染病防治法》和国务院2003年发布实施的《突发公共卫生事件应急条例》进行管控。此外还有《公共场所卫生管理条例》《公共场所集中空调通风系统卫生管理办法》《消毒管理办法》《病原微生物实验室生物安全管理条例》等系列法律法规来保障人居环境的微生物安全。

参考文献

［1］马琰，李永辉，刘志军．室内霉菌污染的环境成因与健康人居［J］．新建筑，2019（5）：28-31.

［2］李晓旭，翁祖峰，曹爱丽，等．室内空气中致病微生物的种类及检测技术概述［J］．科学通报，2018，63（21）：2116-2127.

［3］SEDLBAUER K. Prediction of Mould Fungus Formation on the Surface of and inside Building Components［D］. Stuttgart：Stuttgart University，2001.

［4］郑勇，王楠，刘琛．空气浮游微生物对室内环境的影响及对人体健康的危害［J］．环境与发展，2015，27（5）：91-93.

［5］杨生玉，王刚，沈永红．微生物生理学［M］．北京：化学工业出版社，2008：11-12.

［6］罗晓熹，张寅平，吴琼，等．室内生物污染治理方法研究述评与展望［J］．暖通空调，2005，35（9）：23-29.

［7］PRUSSIN A J，GARCIA E B，MARR L C. Total concentrations of virus and bacteria in indoor and outdoor air. Environ Sci Technol Lett，2015，2：84-88.

［8］BOUILLARD L，MICHEL O，DRAMAIX M，et al. Bacterial contamination of indoor air，surfaces，and settled dust，and related dust endotoxin concentrations in healthy office buildings. Ann Agr Env Med，2005，12：187-192.

［9］李晓旭，翁祖峰，曹爱丽，等．室内空气中致病微生物的种类及检测技术概述［J］．科学通报，2018，63（21）：2116-2127.

［10］J R D DONDERO T，RENDTORFF R C，MALLISON G F，et al. An outbreak of legionnaires' disease associated with a contaminated air-conditioning cooling tower. N Engl J Med. 1980，302：365-370.

［11］AGER B P，TICKNER J A. The control of microbiological hazards associated with air-conditioning and ventilation systems. Ann Occup Hyg. 1983，27：341-358.

［12］LINDSLEY W G，PEARCE T A，HUDNALL J B，et al. Quantity and size distribution of cough-generated aerosol particles produced by influenza patients during and after illness. J Occup Environ Hyg. 2012，9：443-449.

［13］BOWERS R M，SULLIVAN A P，COSTELLO E K，et al. Sources of Bacteria in Outdoor Air Across Cities in the Midwestern United States［J］. Applied and Environmental Microbiology. 2011，77（18）：6350-6356.

［14］王清勤，王静，陈西平，等．建筑室内生物污染控制与改善［M］．北京：中国建筑工业出版社，2011.

［15］徐静，刘文森，许娜．室内空气微生物对人体健康的不良影响及防控措施［C］．中国畜牧兽医学会兽医公共卫生学分会第三次学术研讨会，广州：2019，126-128.

第五章

如何防控室内可吸入颗粒物污染

第一节 室内可吸入颗粒物污染

大气不是纯净的氧气和氮气,而是多种气体(O_2、N_2、水分、二氧化碳、有机与无机污染物气体和微量惰性气体等)与颗粒物的混合体。

透明清新的空气,污染物与颗粒物含量低,并不是说不存在颗粒物;污染的空气透明度差,污染气体和颗粒物含量高。空气的污染除了氮氧化物、二氧化硫、一氧化碳、臭氧和碳氢化合物有机气体外,还有颗粒物。

一、什么是 PM_{10} 与 $PM_{2.5}$

从 2011 年以来,空气中的颗粒物污染引起了社会广泛关注。一般来说可以按照粒径的大小,把颗粒污染物分为总悬浮颗粒物、可吸入颗粒物(PM_{10})和细颗粒物($PM_{2.5}$)。

总悬浮颗粒物(TSP)指所有悬浮在空气中粒径小于 $100\mu m$ 的颗粒物。其中直径大于 $10\mu m$ 的颗粒物很容易从空气中沉降下来,也称为降尘。所以,大颗粒物溶液沉降,不易长期飘浮在空气中。

其中,粒径小于或等于 $10\mu m$ 的颗粒物称为 PM_{10},易于被吸入呼吸道,被称作可吸入颗粒物。近年来,频繁见于媒体的 $PM_{2.5}$ 是指空气动力学当量直径小于或等于 $2.5\mu m$ 的大气颗粒物,也被称作细颗粒物。2013 年 2 月 27 日,全国科学技术名词审定委员会将 $PM_{2.5}$ 的名字正式规定为细颗粒物。政府和百姓都非常关注颗粒物的污染,国家采取的措施取得了显著效果。2018 年北京市空气中细颗粒物($PM_{2.5}$)年平均浓度值为 $51\mu g/m^3$,同比下降

12.1%，超过国家标准46%。二氧化硫（SO_2）年平均浓度值为6μg/m³，同比下降25.0%，达到国家标准。二氧化氮（NO_2）年平均浓度值为42μg/m³，同比下降8.7%，超过国家标准5%。可吸入颗粒物（PM_{10}）年平均浓度值为78μg/m³，同比下降7.1%，超过国家标准11%[1]。

2019年末2020年初的新型冠状病毒疫情，学术界与公众非常关注气溶胶的传染。固体和液体分散悬浮于气体中所形成的胶体分散体系叫气溶胶。所谓"空气气溶胶体系"是指当空气中颗粒小到一定程度时，很难沉降而是均匀地漂浮分散在大气中形成一个相对稳定的体系。颗粒物中有固体颗粒，也有液体颗粒和混合颗粒。颗粒物的成分和产生污染的环境与成因相关。病毒存在于飞沫或其他颗粒物中，如果能够存活在颗粒物中，即可能形成气溶胶传染。

二、PM_{10}与$PM_{2.5}$的污染及危害特征

$PM_{2.5}$体积小，空气中迁移速度相对较大，对气态污染物有明显的吸附作用，可以成为病毒和细菌的载体，所以颗粒物的污染不仅是一种"颗粒物"，其"毒性"就在其"复杂性"，对人体造成的危害比PM_{10}大得多。其污染与危害特征如下：

（1）区域性或地域性：污染物颗粒的来源和污染源相关，不同的城市或区域，工业排放的废弃物种类不同，交通排放的废弃物比例也不同，所以具有很强的地域性特征。

（2）气候性：颗粒物的污染除了和直接排放的颗粒物相关外，气候区域会影响二次颗粒物的形成过程和形成时间。不同的气候区域气温和湿度不同，在结露点附近，由于空气中水分子的存在更易形成颗粒物，此时的颗粒物可能液相比例更大。

（3）季节性：不同的季节污染物排放量不同，光照和空气的温度湿度不同，导致二次颗粒物的概率不同。例如，北方地区秋冬和冬春季节转换时，空气湿度较大，气温在零度以上，但温度又不太高，极易形成结露条件，污染物易形成二次颗粒物。

（4）成分的复杂性：细颗粒物既有金属盐类和氧化物，也有碳氢化合物，水分、细菌、真菌和病毒等。

（5）危害的严重性和积累性：2013 年 10 月 17 日，世界卫生组织所属国际癌症研究机构发布了一项报告，首次指出，大气污染对人类有致癌作用，并将其视为普遍的和主要的环境致癌物[2]。虽然环境中含有的 $PM_{2.5}$ 很少，但 $PM_{2.5}$ 颗粒会突破人体鼻腔绒毛以及痰液的阻隔，直接进入支气管以及肺泡中。进入肺泡的微尘会迅速被人体吸收，并且可以不经过肝脏的解毒而迅速进入血液循环，从而遍布全身。重金属和有机物虽然在大气细颗粒中所占比重较小，但由于毒性强、形态多变且具有生物累积效应，对生物和人体的伤害极大。

三、相关标准对空气中 $PM_{2.5}$ 的要求

2012 年 2 月，我国首次制定空气环境 $PM_{2.5}$ 浓度标准，将浓度限值正式列入国家环境空气质量标准。各国的环境条件不同，发达水平与工业水平不同，相关标准的要求值也不同（表5-1）。目前，我国对大气 $PM_{2.5}$ 的浓度要求相对还是低一些。

表 5-1　部分国家与组织的环境空气 $PM_{2.5}$ 的要求

国家/组织	年平均（$\mu g/m^3$）	24h 平均（$\mu g/m^3$）	备注
WHO《空气质量准则》	10	25	2005 年发布
澳大利亚	8	25	2003 年发布，非强制
美国《国家环境空气质量标准》	15	35	2006 年 12 月 17 日生效
日本	15	35	2009 年 9 月 9 日发布
欧盟	25	无	2010 年 1 月 1 日发布目标值 2015 年 1 月 1 日强制生效
中国《环境空气质量标准》	35	75	2012 年 2 月 29 日发布目标值 2016 年生效实施

四、室外空气 $PM_{2.5}$ 对室内的影响

可吸入颗粒物是影响室外空气的重要指标，由于室外空气质量对室内空气质量有着不可忽视的影响，所以在考虑治理室内空气质量问题时可吸

入颗粒物仍然是一个不可或缺的因素。

虽然我们用各种方式防止室外的污染物进入室内，但由于被动通风和建筑物的气密性问题，使室外空气不可避免地未经过滤而直接进入室内。都市人口的居住密度较大，再加上居民汽车保有量和其他各种交通工具的增加，可能会使我们居住的外部环境空气中的可吸入颗粒物严重超标，通过气体交换进入室内的空气也受到了不同程度的污染。

侯立安院士在"2013年中国硅藻泥产业发展论坛"中报告"室内空气 $PM_{2.5}$ 污染成因及防控对策"给出的某建筑室内外 $PM_{2.5}$ 的测试数据显示（图5-1），室内 $PM_{2.5}$ 的污染主要取决于室外空气。监测结果表明，尽管室内门窗关闭，但由于门窗缝隙的渗透，室内外空气 $PM_{2.5}$ 浓度比值接近1，说明室外污染对室内 $PM_{2.5}$ 浓度水平影响大。

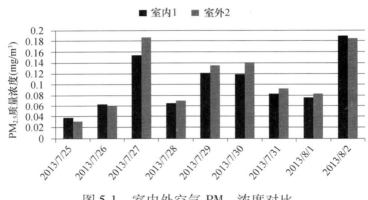

图5-1　室内外空气 $PM_{2.5}$ 浓度对比

第二节　怎样防控室内细颗粒物 $PM_{2.5}$

要做好室内细颗粒物（$PM_{2.5}$）的防控，应了解颗粒物的来源、成因，并据此采取科学的措施。

一、为何会出现细颗粒物 $PM_{2.5}$

颗粒物污染是一种复合污染，本书将室内环境污染分为化学污染、物理污染和微生物污染 3 种，其实这 3 种污染并不是孤立存在的，它们可能相互影响互为条件。

1. 来源与成因

（1）室外来源与成因

$PM_{2.5}$ 的来源分为一次颗粒物和二次颗粒物。

一次颗粒物：主要来源于土壤、沙漠和建筑工地的扬尘，燃烧颗粒物排放。土壤、沙漠和建筑工地的扬尘是尘土性颗粒，以硅酸盐和无机氧化物为主；机车发动机油料燃烧、燃煤、焚烧废物和秸秆等是有机碳颗粒物（含有碳原子的有机物）和元素碳颗粒的主要来源，也包括金属与非金属氧化物颗粒以及吸附的水分子。在城市中室内地面上降落的"黑色油腻尘埃"可能多是汽车尾气燃烧不充分形成的有机物颗粒物吸附其他有机气体形成的颗粒物以及金属与非金属氧化物颗粒。当然燃烧也会导致其他气体的排放物，例如 SO_2、NO_x、CO_2 和 CO 等。

二次颗粒物：指自然界的颗粒物和人为排放的一次颗粒物进入大气，经过积聚、生长、化学反应等过程形成的新颗粒物。

二次颗粒物的形成有条件和过程。空气中氮氧化物与其他污染物共存时，在阳光照射下可发生光化学烟雾，会转化成亚硝酸盐、硝酸盐和铵盐等。NO_x 的气相转化（在空气中无水参与）会形成硝酸酯类；液相转化（有水的参与）溶于大气中水，会转化成硝酸盐。在污染严重的阳光充足的天气，往往会发生光化学反应而产生雾霾，影响空气透明度。

SO_2 也是易形成二次颗粒物的污染物，在空气中也会转换成颗粒物。SO_2 的气相氧化，最终会和空气中的 NH_4^+ 结合转化成硫酸铵气溶胶，当然会被其他颗粒物吸附形成复合污染的颗粒物。SO_2 溶于水液相氧化与其他金属氧化物颗粒反应会形成硫酸盐。在 SO_2 的演化过程中，空气中的 Fe、Mn 等过渡金属元素会扮演催化剂的角色参与其中[3]。

空气中的 O_3 各种自由基都会成为氧化过程的参与者。

碳氢化合物也是大气中的重要污染物。碳原子数较低，小于 10 个的烃类会直接参与到大气的光化学反应中，会成为二次颗粒物的形成条件。其他碳氢化合物会以气溶胶的形式分散到空气中，在条件适宜时被空气中的自由基氧、臭氧等氧化和转化，形成系列产物，就是二次颗粒物；当然可能被其他颗粒物吸附，直接形成混合型二次颗粒物。

例如，空气中的 VOC 经过空中羟基自由基、臭氧等氧化，或在紫外线作用下产生光化学反应，进一步会产生烷基自由基 R·，在与空气中氧气结合形成新的过氧自由基 $RO_2^·$，它可以在 HO_2 自由基的作用下可以继续转化为氢过氧基 ROOH，或与 NO_2 反应生产产物 $ROONO_2$；过氧自由基 $RO_2^·$ 继续与空气中的自由基和 NO_x 反应会形成系列产物，就是二次细颗粒物（SFPM）[4]（图 5-2）。

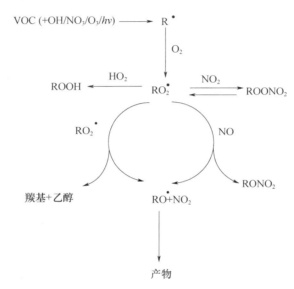

图 5-2　大气光氧化 VOC 形成 SFPM 的简单过程

理论上讲，环境污染物的组成不同，形成的二次颗粒物的成分就不同。

例如北京工业大学的固体微结构与性能研究所吉元教授团队对北京市的二次颗粒物的成分与结构进行了研究分析[5]。采样点位于北京市朝阳区北京工业大学校园内。其周围是高速路主干道（G1 高速）、居民区，以及地铁站等车流和人流相对密集的区域。收集距地面 1.6～1.8m 水平高度的 $PM_{2.5}$～PM_{10} 的雾霾颗粒，用于透射电镜和扫描电镜观察。二次雾霾颗粒物形貌特征各异，与其他类颗粒的混合状态也很复杂。图 5-3 为典型二次颗粒的扫描电镜二次电子像。图 5-3 中 a 为二次硫酸盐与矿物尘和富铁锌颗粒的团聚体。EDX 能谱分析发现，其中的尺寸几百纳米的针状物以 S 和 Na 元素为主（Na∶S ＞2∶1），含有少量 Cl、K 和 Ca 等，可能为二次反应颗粒的混合物，主要包括硫酸钠（Na_2SO_4）及少量硫酸钙（$CaSO_4$）、氯化钾（KCl）和氯化钠（NaCl）。

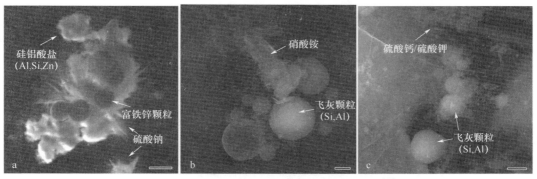

图 5-3　二次颗粒形貌特征及其混合态[5]

（a ~ c 为形貌特征，Bar = 1μm、1μm、2μm）

图 5-4 为扫描电镜观察到的典型的二次硫酸盐颗粒的二次电子像，其形貌特征包括棱形、柱状、针状、片层状等。图 5-4 中 a 为 2013 年在严重霾天气（AQI = 477）降雪后，从雪层中收集的富 S 和 Ca 的棱形二次硫酸钙（$CaSO_4$）颗粒（S + Ca > 22%），长度 < 2μm。图 5-4 中 b ~ g 则是用实验部分所述方法收集的样品。图 5-4 中 b 所示的硫酸钙颗粒具有典型的正六边柱状晶特征（S + Ca > 45%），尺寸为 0.3μm × 2μm。图 5-4 中 c 为针状硫酸钙颗粒。图 5-4 中 d 为片层状硫酸钾（K_2SO_4）颗粒。图 5-4 中 e 为片状硫酸钙的团聚体。图 5-4 中 f 为硫酸铵 [（NH_4）$_2SO_4$] 颗粒，呈紧密团聚状。图 5-4 中 g 为硫酸钙颗粒。大部分二次硫酸盐颗粒物表面光滑，粒径尺寸多在 $PM_{2.5}$ 以下，并可以与其他天然矿物尘及人为的飞灰和金属基颗粒混合，或二次颗粒之间混合。

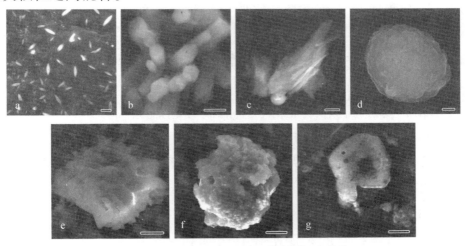

图 5-4　二次硫酸盐颗粒物的典型形貌

a ~ g：Bar = 2μm、500nm、1μm、200nm、2μm、2μm、1μm。

a ~ g 采样对应的空气质量指数 AQI = 477、221、206、239、332、332、221。

研究结果认为，所观察到的二次颗粒以硫酸盐和硝酸盐为主，颗粒尺寸在数十纳米至数微米，呈现出多种复杂的形态，包括梭形、条状、球形、柱状、针状和片层状等。二次颗粒与天然矿物尘及人为来源的飞灰、金属颗粒等混合，并可形成二次颗粒的混合体。这些混合体的特征与二次颗粒在大气中的形成过程及形成机理相关。

不同的污染源产生的颗粒物组分不同。

2015 年北京市环保检测中心[6]对北京市 11 类排放源 $PM_{2.5}$ 进行采集，并测定其 26 种组分，分析了不同排放源源谱的组分特征。结果表明：在有组织排放源中，燃煤电厂 $PM_{2.5}$ 中有机碳（有机质中的碳）和 Si 含量很高，占 $PM_{2.5}$ 的质量分数分别为 8.56% 和 6.19%（平均值）；而供热/工业锅炉排放的 $PM_{2.5}$ 中则是 SO_4^{2-}（占 48.38%）和有机碳（11.0%）比例最高；水泥窑炉排放的 $PM_{2.5}$ 中有机碳（7.12%）、Ca（4.81%）和 Si（4.41%）占有较大比例；垃圾焚烧排放的 $PM_{2.5}$ 中 Si、Ca、K 和 SO_4^{2-} 均较高，分别占 8.15%、9.36%、7.17% 和 6.79%，且 Cl^- 含量（2.5%）高于其他所有源；生物质燃烧源 $PM_{2.5}$ 中有机碳（21.7%）、Si（6.75%）、Ca（6.15%）较为丰富；餐饮源 $PM_{2.5}$ 中有机碳（19.44%）、SO_4^{2-}（5.76%）和 K（3.11%）含量均较高。

无组织开放源中，道路扬尘和土壤风沙 $PM_{2.5}$ 化学组分含量变化较为一致，均是 Si（分别为 16.8% 和 9.3%）和有机碳（分别为 8.89% 和 6.61%）最高；建筑水泥尘 $PM_{2.5}$ 中 Ca（17.46%）含量高于其他源；流动排放源 $PM_{2.5}$ 中有机碳、碳元素比例最高。其中，重型柴油车排放的有机碳（29.79%）与碳元素（26.5%）比例相当，而轻型汽油车排放的有机碳占有绝对优势（占 75%）。

2018 年北京市发布新一轮细颗粒物（$PM_{2.5}$）来源解析研究成果[1]，该研究基于 2017 年监测数据。北京市全年 $PM_{2.5}$ 主要来源中本地排放约占三分之二，移动源、扬尘源、工业源、生活面源和燃煤源分别占 45%、16%、12%、12% 和 3%，农业及自然源等其他约占 12%。区域传输约占三分之一，且随着空气污染级别增大，区域传输贡献呈现上升趋势，重污染日区域传输占 55% ~75%。

（2）室内来源与成因

室内产生细颗粒物的来源主要有吸烟和烹饪、人体与宠物自身代谢、家用电器吸附产生二次污染、不科学的卫生清扫方式以及装饰材料的老化和磨损。

① 吸烟污染是室内 $PM_{2.5}$ 污染的重要因素。侯立安院士在"2013 年中国硅藻泥产业发展论坛"上报告"室内空气 $PM_{2.5}$ 污染成因及防控对策"中给出的吸烟对室内空气的 $PM_{2.5}$ 影响数据显示：国内外吸烟与非吸烟房间的 $PM_{2.5}$ 浓度差别很大（表 5-2）。

表 5-2 国内外吸烟与非吸烟房间的 $PM_{2.5}$ 浓度比较[7]

国家	吸烟	$PM_{2.5}$平均值（$\mu g/m^3$）	浓度比（吸烟/非吸烟）
加拿大	是	133	14.8
	否	9	
法国	是	238	14.6
	否	18	
美国	是	177	11.4
	否	15	
中国	是	197	2.2
	否	91	

图 5-5 给出了没有禁烟的餐厅和设有吸烟区的餐厅，以及禁烟餐厅的 $PM_{2.5}$ 的浓度区别。没有禁烟的餐厅 $PM_{2.5}$ 的浓度可以达到 $197\mu g/m^3$，设有吸烟区的餐厅浓度显著减低到 $101\mu g/m^3$，但仍然比禁烟餐厅的浓度 $96\mu g/m^3$ 高。可见，室内吸烟对室内空气质量影响非常大。

② 人自身产生的颗粒物。人和宠物正常的新陈代谢产生的皮屑和毛发脱落的相关颗粒物以及室内的植物在开花时所产生的花粉等生物活性粒子也都是室内可吸入颗粒物的重要来源。不良的卫生习惯也有可能引起室内可吸入颗粒物浓度的上升。

③ 装修材料也会向室内空气中释放颗粒物。装修材料中的壁纸、地毯、窗帘在使用中由于摩擦和日光照射等原因会不断老化，产生一些可吸入颗粒物。室内建筑材料与装饰材料的污染，

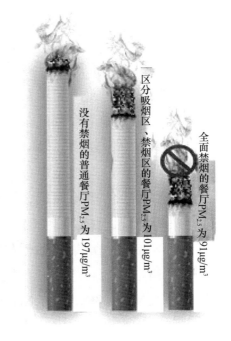

没有禁烟的普通餐厅 $PM_{2.5}$ 为 $197\mu g/m^3$

区分吸烟区、禁烟区的餐厅 $PM_{2.5}$ 为 $101\mu g/m^3$

全面禁烟的餐厅 $PM_{2.5}$ 为 $91\mu g/m^3$

图 5-5 吸烟对室内 $PM_{2.5}$ 而影响

会加重室内颗粒物的污染。虽然室内不会产生光化学反应，污染气体直接产生二次颗粒物，但是建筑材料老化形成的颗粒物在空气中飘浮，在适宜的温度和湿度条件下会吸附空气中的细菌、霉菌或者污染气体的有害物质，另外一些高分子的装饰材料，含有高沸点的污染物，释放后会形成颗粒物。当这些小颗粒被人吸入体内后，就会对人体产生微生物、化学、物理的多重伤害。

应注意，家用电器的表面由于静电作用，易于吸尘，会使一些颗粒物在这些设备运行时被吸附到其表面和内部。如果不及时清理，这些颗粒物就会在室内四处飘浮，危害人体健康。空调滤网在空气过滤时，会富集污染物，不及时清理就会使夹杂着颗粒物的空气在设备运行时吹入室内。如果家里有打印设备，最好不要将其放置在卧室内，因为打印所用的颜料在使用过程中也会产生细小的颗粒物，这些对健康都是有害的。在室内清扫过程中，如果采用不合适的方式，像吸尘和打扫等会激起物件表面吸附的尘埃进入室内空气。

2. 理化特征

（1）活性特征：细颗粒小比表面大、吸附力强，活性越大。

颗粒越小，形态越复杂（图5-3、图5-4），单位质量颗粒物的表面积就越大，颗粒物表面的物理和化学活性越高，运动中对其他极性气体或物质颗粒的吸附性越强，进入人体肺部的损害就越大。

（2）空气中寿命与迁移性：细颗粒在空气中停留时间长、传输距离远，在空中滞留寿命越长。$PM_{2.5}$在空气中的悬浮时间可达数天至数月，只有在气候条件变化，打破悬浮的稳定态，才可能团聚下沉到地面，或融入雨水下沉到地面；传输距离远，可达几百千米至几千千米。因此可以说细颗粒的污染可能不止是区域性的。

（3）细颗粒富集了酸性氧化物（图5-3），呈酸性。如前所述，空中的污染物 NO_x 和 SO_2 会在环境作用下形成二次颗粒物，硫酸盐和硝酸盐 [$NH_4H_2SO_4$，$(NH_4)_2SO_4$，NH_4NO_3]，或富集在其他颗粒物上，因此呈酸性。

（4）细颗粒富集了许多有害的重金属元素：工业过程产生的重金属氧化物多被细颗粒吸收，或本身就是细颗粒。

细颗粒物的理化特征决定了其具有很强的毒性。

科学研究表明，现阶段室内的可吸入颗粒物除了与居室内人的活动有关外，其实在更大程度上取决于室外环境的改善。对可吸入颗粒物的防控是整个社会的系统工程，需要标本兼治。

二、室内颗粒物污染控制措施

对于颗粒物污染源的控制可以分为室外与室内两个方面。

1. 尽量减少室外污染物进入室内

对于室外污染源，主要利用一些屏蔽措施防止室外的污染物进入室内。可以采用精细过滤的新风系统。雾霾天不开窗，少开门。

2. 健康科学的生活方式

健康科学的生活方式是指在日常生活中尽量减少颗粒物产生，针对室内污染源要从多个方面加以控制。其主要包括应避免在室内吸烟，注意做好室内保洁和个人卫生，在室内空气较干燥时要及时使用加湿器或者用拖把等将地面润湿，减少颗粒物的飞腾；人体在自身代谢的过程中会产生皮屑和其他微小的颗粒物，这些都对室内空气质量有着不可忽视的影响。可以通过使用清洁炉灶，提高燃料的燃烧效率减少污染物向室内排放。及时清洁家电设备，在室内还要科学使用吸尘器，吸尘器不能过滤细小的颗粒物，在使用后要及时对过滤装置进行清理。

3. 加强对宠物的管理

近年来饲养宠物的人越来越多，这除了给人们带来精神上的愉悦外，也带来了严重的健康问题。宠物的毛、皮屑、尿液、粪便都是产生可吸入颗粒物的源头，在饲养宠物时要注意与人的居室分开。

4. 使用室内净化装置过滤或空气净化器

对进入室内的空气进行过滤也是一种有效的防控室内颗粒物的方法。在前面微生物污染防治部分，已经介绍了用通风过滤的方式提高室内空气质量的手段。由于颗粒物吸附各种微生物能对室内造成复合污染，因此，一般的空气净化装置在对颗粒物进行过滤的同时，对微生物进行拦截过滤。需要注意的是，为了保持这些净化装置的持久有效，需要及时更换和清洗过滤部件，以避免产生二次污染的问题。

5. 选用吸附性强的装饰材料

各种对可吸入颗粒物有吸附功能的生态建材，能够在对室内进行装修装饰的同时，起到净化室内空气的作用。这类材料中比较常见的是以多孔吸附材料为主要原料研制而成的各种装饰装修性建材，其中以"硅藻土"为原料制成的各种壁材对室内可吸入颗粒物的吸附作用非常明显。这类材料的共同特点是，在具备了一般的在室内墙面的装饰及使用功能外，大量微观孔道能吸附周围空气中的颗粒物，达到净化室内空气的目的。所以，选择既耐脏又有很强吸附性的无机装饰材料有利于降低室内颗粒物的污染。

6. 保持室内合理的温湿度

在前面的叙述中我们已经讲过适宜的温湿度对室内细菌和霉菌等微生物生长繁殖的抑制作用，同样，温湿度也会对室内的可吸入颗粒物的发生产生重要影响。还要根据当时的温湿度采取相应的方法进行应对。当温度较高的干燥霾天出现时，要及时利用加湿器或者用水将室内地面润湿，以此将室内的相对湿度提高，这样有利于颗粒物的沉降和防止室内颗粒物的上升。

对于温湿度问题，本书第三章第五节"湿热污染的预防与控制"已经对室内最佳的温湿度与人体健康的关系进行了阐述。在特定的温湿度条件下，温湿度也会对室内可吸入颗粒物的发生产生较大影响。在室内干燥的情况下，室内的细小颗粒物飘浮于空中，室内的可吸入颗粒物浓度会较高；在湿度较大的情况下，由于颗粒物对空气中液滴的吸附作用也会在空气中产生大量的气溶性可吸入颗粒物。由此可见，保持室内合理的温湿度是降低可吸入颗粒物，保护人体健康的重要有效措施。

参考文献

［1］北京市生态环境局. 2018年北京市生态环境状况公报［R］. 北京市生态环境局，2019.5.

［2］DELFINO R J，SIOUTA C，MALIK S，et al. Potential role of ultrafine particles in associations between airborne particle mass and cardiovascular health［J］. Environmental Health Perspectives. 2005，113（8）：934-946；

［3］戴树桂. 环境化学［M］. 北京：高等教育出版社，1996：47.

［4］叶兴南，陈建民. 大气二次细颗粒物形成机理的前沿研究［J］. 化学进展，2009，21（2/3）：288-295.

［5］白章鹏，皮义群，王丽，等．二次雾霾气溶胶颗粒的扫描电子显微学分析［J］．电子显微学报，2017，36（5）：467-470.

［6］马召辉，梁云平，张健，等．北京市典型排放源 $PM_{2.5}$ 成分谱研究［J］．环境科学学报，2015，35（12）：4044-4052.

［7］侯立安．室内空气 $PM_{2.5}$ 污染成因及防控对策［R］．2013 年中国硅藻泥产业发展论坛，2013 年 10 月 25 日．长春：中国建材联合会生态环境建材分会，2013.

第六章

政策标准影响你我他

第一节　与室内环境相关的法规和标准

国家法规、政策与标准是一个产业存在与发展的基本依据。自 20 世纪 90 年代以来，我国在建筑及室内化学污染物控制领域制定并实施了大量法规和标准，但在建筑材料的质量、建筑行业的管理、国家标准法规的制定与执行等方面仍存在着诸多缺陷和问题，建筑室内环境污染依旧严重。

标准存在缺陷，使我国的相关政策不能直接有效地作用于室内环境污染的防治。在大量室内污染致损的现象出现后，因相关法律法规和标准的不完善，使消费者举证困难，难以维护自身的合法权益，经常出现装饰材料达标但室内环境却不如所愿的尴尬局面。

针对以上问题，下面对我国建筑室内环境污染控制相关的法律法规和标准进行简单分析，并在此基础上提出一些建议。

修订后的《中华人民共和国标准化法》在 2018 年 1 月 1 日实施后，给团体标准以合法的地位和定位。自此，我国在室内环境污染控制的法律法规和标准可划分为以下 8 个层面：第一，国家建筑与环境法律、法规；第二，国家建筑与施工规范、标准；第三，建筑工程室内环境污染控制国家标准；第四，建筑材料的污染控制国家标准；第五，行业标准；第六，地方标准；第七，团体标准；第八，企业标准。

一、国家建筑与环境法律、法规

目前，我国主要涉及建筑和空气质量的法律和法规如下：

（1）《中华人民共和国大气污染防治法》（1988 年 6 月 1 日起施行，2018 年最新修订）。

（2）《中华人民共和国环境保护法》（1989 年 12 月 26 日起施行，2014 年最新修订）。

（3）《中华人民共和国建筑法》（1998 年 3 月 1 日起施行，2019 年最新修订）。

（4）《建设工程质量管理条例》（2000 年 1 月 30 日起施行，2019 年最新修订）。

这些国家法律法规的施行对我国室内环境有哪些影响，对室内环境的化学污染控制能够起到何种作用呢？下面进行简单分析。

《中华人民共和国大气污染防治法》（以下简称《大气防治法》）修订后自 2018 年 10 月 26 日实施，明确针对大气污染，不涉及室内空气质量问题。

《中华人民共和国环境保护法》（以下简称《环保法》）第一章第二条规定："本法所称环境，是指影响人类生存和发展的各种天然的和经过人工改造的自然因素的总体，包括大气、水、海洋、土地、矿藏、森林、草原、湿地、野生生物、自然遗迹、人文遗迹、自然保护区、风景名胜区、城市和乡村等"《环保法》是为保护和改善环境，防治污染和其他公害，保障公众健康，推进生态文明建设，促进经济社会可持续发展制定的国家法律，主要针对自然界的生态环境，没有特别针对室内环境保护的条款。

《中华人民共和国建筑法》（以下简称《建筑法》）是为了加强对建筑活动的监督管理，维护建筑市场秩序，保证建筑工程质量和安全，促进建筑业健康发展的法律。《建筑法》除在第一章总则的第四条中提到国家"鼓励节约能源和保护环境"和"提倡采用先进技术、新型建筑材料"以外，没有针对室内环境保护的具体条款。

《建设工程质量管理条例》（以下简称《建工条例》）第一章第一条指出，为了加强对建设工程质量的管理，保证建设工程质量，保护人民生命和财产安全，根据《中华人民共和国建筑法》制定本条例。《建工条例》涵盖建筑工程建设的各个领域，从设计、施工、验收到保修等。规定建设单位、勘察单位、设计单位、施工单位、工程监理单位依法对建设工程质量负责，明确各方职责以及建筑流程。《建工条例》中明确指出建筑所用材料要符合国家相关标准指标要求。

经过对以上四部法律内容分析可以看出，我国现行的《大气防治法》《环保法》《建筑法》都没有针对室内环境保护列出具体的约束性条款，只是将室内外环境作为一个整体做了一个原则性的规定，对室内环境的保护作用不大。《建工条例》虽然指出建筑验收应符合相关标准规定，但也没有给出具体的实施方法。

二、国家建筑与施工规范、标准

我国的国家级标准分为强制性标准和推荐性标准。在涉及工程质量、装饰装修、绿色建筑及绿色施工方面，已由住房城乡建设部（简称"住建部"）牵头制定了系列国家强制性和推荐性标准，这些标准均涉及建筑室内环境污染控制的内容与要求。

强制性标准如下：

（1）《建筑工程施工质量验收统一标准》（GB 50300—2013）（中华人民共和国住房和城乡建设部、中华人民共和国国家质量监督检验检疫总局联合发布）

（2）《建筑装饰装修工程质量验收标准》（GB 50210—2018）（中华人民共和国住房和城乡建设部、中华人民共和国国家质量监督检验检疫总局联合发布）（经过修订）

（3）《住宅建筑规范》（GB 50368—2005）（中华人民共和国建设部、中华人民共和国国家质量监督检验检疫总局联合发布）

（4）《住宅装饰装修工程施工规范》（GB 50327—2001）（中华人民共和国建设部、中华人民共和国国家质量监督检验检疫总局联合发布）

（5）《民用建筑工程室内环境污染控制标准》（GB 50325—2020）（中华人民共和国住房和城乡建设部、中华人民共和国国家市场监督管理总局联合发布）（经过修订）

推荐性标准如下：

（1）《绿色建筑评价标准》（GB/T 50378—2019）（中华人民共和国住房和城乡建设部、中华人民共和国国家质量监督检验检疫总局联合发布）（经过修订）

（2）《建筑工程绿色施工评价标准》（GB/T 50640—2010）（中华人民共和国住房和城乡建设部、中华人民共和国国家质量监督检验检疫总局联合发布）

（3）《室内绿色装饰装修选材评价体系》（GB/T 39126—2020）（国家市场监督管理总局和国家标准化管理委员会联合发布）（新制定）

下面就这些标准与室内环境关系的内容要点分析如下。

（1）《建筑工程施工质量验收统一标准》（GB 50300—2013）是强制性国家标准。

该标准 2001 年首次颁布实施，结合发展需要多次进行内容补充和修订，最新版于 2014 年 6 月 1 日起实施。修订后的标准扩大了检验范围，涵盖环境保护分部工程。该标准以统一建筑工程施工质量的验收方法、程序和原则，达到确保工程质量的目的。对建筑工程中的安全、节能、环境保护和主要使用功能起决定性作用的检验项目定为主控项目，体现以人为本、环境保护的理念和原则。针对建筑装饰装修的各方面，均有明确验收要求，要求出具室内环境检测报告、土壤氡气浓度检测报告等。

（2）《建筑装饰装修工程质量验收标准》（GB 50210—2018）是强制性国家标准，适用于新建、扩建和既有建筑装饰装修工程的质量验收。

该标准加强了建筑工程质量管理，统一了建筑装饰装修工程的质量验收，保证了工程质量，决定了装饰装修工程能够完成交付使用的质量验收规范。标准规定的施工质量要求是对建筑装饰装修工程的最低要求，需与国家标准《建筑工程施工质量验收统一标准》配套使用。为了保障建筑的安全和使用功能，该标准针对设计、材料、施工和验收的各个环节都有明确的规定。其主要包括基本规定、抹灰工程、外墙防水工程、门窗工程、顶棚工程、轻质隔墙工程、饰面板工程、饰面砖工程、幕墙工程、涂饰工程、裱糊与软包工程、细部工程、分部工程质量验收等。明确指出建筑装饰装修工程所用材料应符合国家对有关建筑装饰装修材料有害物质限量标准的规定，同时，室内环境质量应符合国家现行标准《民用建筑工程室内环境污染控制标准》（GB 50325）的规定。

（3）《住宅建筑规范》（GB 50368—2005）是强制性国家标准。

该标准是在总结了近年来我国城镇住宅建设、使用和维护的实践经验和研究成果的基础上，参照发达国家通行做法制定的第一部以功能和性能要求为基础的全文强制的标准，适用于以居住为目的的建筑，提出住宅在规划、选址、结构安全、火灾安全、使用安全、室内外环境、建筑节能等方面的基本要求，体现了以人为本和建设资源节约型、环境友好型社会的政策要求。标准明确规定"住宅建设的选材应避免造成环境污染"，同时规定住宅室内环境的空气污染物限值要求，包括：游离甲醛 $\leqslant 0.08mg/m^3$，苯 $\leqslant 0.09mg/m^3$，TVOC $\leqslant 0.5mg/m^3$ 等。

（4）《住宅装饰装修工程施工规范》（GB 50327—2001）是强制性国家标准，为住宅建筑内部的装饰装修工程施工而制定。

该标准针对装饰装修涉及的底面、墙面、基材、门窗、软包、隔墙等都有详细的施工规定，囊括了材料技术要求、施工要点、施工要求等内容。在本标准第 5 章环境污染控制部分规定：住宅装饰装修室内环境污染控制除应符合本标准外，尚应符合现行《民用建筑工程室内环境污染控制标准》（GB 50325）等国家现行标准的规定，设计、施工应选用低毒性、低污染的装饰装修材料。人造木板、胶粘剂的甲醛含量应符合国家现行标准的规定。

（5）《绿色建筑评价标准》（GB/T 50378—2019）是推荐性国家标准。

该标准是为了贯彻国家技术经济政策，节约资源，保护环境，规范绿色建筑的评价，推进可持续发展而制定；结合建筑的气候、环境、资源、经济及文化等特点，对建筑全寿命期内的安全耐久、健康舒适、生活便利、资源节约、环境宜居等性能进行综合评价；明确将"舒适健康"作为一个评分项。

标准中第 5 章"舒适健康"要求室内空气中的氨、甲醛、苯、TVOC、氡等污染物浓度应符合现行国家标准《室内空气质量标准》（GB/T 18883）的规定。这个标准是推荐性，不是强制性。所以不具有法律约束力，且仅适用于新建建筑，对室内环境污染的控制不具有普遍意义。

（6）《建筑工程绿色施工评价标准》（GB/T 50640—2010）是推荐性国家标准。

该标准贯彻、推广绿色施工的指导思想，对工业、民用建筑现场施工的绿色施工评价方法进行规范，为推进绿色施工，规范建筑工程绿色施工评价方法而制定。标准涵盖了环境保护、节材与材料资源利用、节水与水资源利用、节能、节地等方面。在节材与材料资源利用评价指标中的控制项规定，材料施工应选用绿色、环保材料。材料的有害物质限量应符合 GB 18580～18588 的指标要求，空气质量应符合《民用建筑工程室内环境污染控制标准》（GB 50325—2020）的规定。

（7）《室内绿色装饰装修选材评价体系》（GB/T 39126—2020），是为推动"绿色建筑"的发展而制定。

虽然《绿色建筑评价标准》（GB/T 50378—2019）包括了材料的选择问题，但对材料的选择造成的室内环境污染结果没有预估，因果关系没有明确，未能解决装饰装修材料污染的集成问题。

强制性标准《民用建筑工程室内环境污染控制标准》（GB 50325—2020）目的是对室内环境污染进行控制，修订之前的标准只要求材料符合相关规定，没有具体的措施。2020 版本要求所选用材料的产生的环境污染进行预评，确保达到 GB 50325—2020 要求。

标准用污染源头控制理念，建立了可靠的装饰装修材料污染物释放量的测试方法，并确定材料污染物释放量与承载率的关系，进而建立空气污染预评价方法。标准计算多种装饰装修材料集成应用时，室内甲醛、苯、甲苯、二甲苯、TVOC 等污染物的浓度值作为对室内空气污染浓度进行预评价，并对室内装饰装修材料的环境健康改善性能和可持续性等指标进行评价。根据评价结果，可对室内装饰装修材料进行选择调整，确保解决装饰装修污染的问题。标准预评结果为装饰企业、业主选择装饰材料提供参考和指导，并引导装饰装修材料生产企业更加注重装饰装修材料的环保性能、功能性和可持续性，促进绿色装饰装修材料应用和发展，创造安全、舒适、健康、绿色环保的室内居住环境。

综上所述，《建筑装饰装修工程质量验收标准》（GB 50210—2018）和《住宅装饰装修工程施工规范》（GB 50327—2001）中均要求工程的室内环境验收按照《民用建筑工程室内环境污染控制标准》（GB 50325—2020）执行，这是强制性的规定。而《绿色建筑评价标准》（GB/T 50378—2019）则按照《室内空气质量标准》（GB/T 18883—2002）执行是推荐性的。

下面具体看一下，关于室内空气质量检测与控制的两项标准《室内空气质量标准》（GB/T 18883—2002）和《民用建筑工程室内环境污染控制标准》（GB 50325—2020）的区别。

三、国家建筑室内空气质量控制标准

1.《室内空气质量标准》（GB/T 18883—2002）

该标准由国家质量监督检验检疫局、国家环保总局与卫生部联合发布，适用于住宅和办公建筑物，检测项目涵盖范围广，根据人体健康和舒适度要求，对化学性、物理性、生物性和放射性污染物的指标限值以及各参数的测试方法和采样条件都有明确的规定。采样点的数量根据建筑室内面积大小和现场情况而确定：小于 $50m^2$ 的房间应 1~3 个点，50~100m^2设 3~5 个点，100m^2以上至少 5 个点，在对角线上或梅花式均匀分布，标准规定的室内空气质量见表 6-1。

表 6-1　GB/T 18883—2002 标准规定的室内空气质量标准

序号	参数类别	参数	单位	标准值	备注
1	物理性	温度	℃	22~28	夏季空调
				16~24	冬季采暖
2		相对湿度	%	40~80	夏季空调
				30~60	冬季采暖
3		空气流速	m/s	0.3	夏季空调
				0.2	冬季采暖
4		新风量	$m^3/h \cdot 人$	30[a]	—
5	化学性	二氧化硫 SO_2	mg/m^3	0.50	1h 均值
6		二氧化氮 NO_2	mg/m^3	0.24	1h 均值
7		一氧化碳 CO	mg/m^3	10	1h 均值
8		二氧化碳 CO_2	%	0.10	日均值
9		氨 NH_3	mg/m^3	0.20	1h 均值
10		臭氧 O_3	mg/m^3	0.16	1h 均值
11		甲醛 HCHO	mg/m^3	0.10	1h 均值
12		苯 C_6H_6	mg/m^3	0.11	1h 均值
13		甲苯 C_7H_8	mg/m^3	0.20	1h 均值
14		二甲苯 C_8H_{10}	mg/m^3	0.20	1h 均值
15		苯并[a]芘 B (a) P	ng/m^3	1.0	日均值
16		可吸入颗粒物 PM_{10}	mg/m^3	0.15	日均值
17		总挥发性有机物 TVOC	mg/m^3	0.60	8h 均值

续表

序号	参数类别	参数	单位	标准值	备注
18	生物性	菌落总数	CFU/m³	2500	—
19	放射性	氡^{222}Rn	Bq/m³	400	年平均值

a 新风量要求不小于标准值，除温度、相对湿度外的其他参数要求不大于标准值。

2. 《民用建筑工程室内环境污染控制标准》（GB 50325—2020）

该标准于 2020 年 1 月 16 日，由住房城乡建设部、国家市场监督管理总局联合发布，8 月 1 日实施，适用于新建、扩建和改建的民用建筑工程室内环境污染控制。标准将民用建筑工程分为两类，控制的室内环境污染物包括氡、甲醛、氨、苯、甲苯、二甲苯和总挥发性有机化合物，不同类型建筑标准限值不同。标准规定室内环境污染物浓度限量见表 6-2。

表 6-2　GB 50325—2020 标准规定室内环境污染物浓度限量

序号	污染物	Ⅰ类民用建筑工程	Ⅱ类民用建筑工程
1	氡（Bq/m³）	≤150	≤150
2	甲醛（mg/m³）	≤0.07	≤0.08
3	氨（mg/m³）	≤0.15	≤0.20
4	苯（mg/m³）	≤0.06	≤0.09
5	甲苯（mg/m³）	≤0.15	≤0.20
6	二甲苯（mg/m³）	≤0.20	≤0.20
7	TVOC（mg/m³）	≤0.45	≤0.50

注：Ⅰ类民用建筑包括住宅、居住功能公寓、医院病房、老年人照料房屋设施、幼儿园、学校教室、学生宿舍等；
　　Ⅱ类民用建筑包括办公楼、商店、旅馆、文化娱乐场所、书店、图书馆、展览馆、体育馆、公共交通等候室、餐厅等。

归纳总结两项标准对室内污染控制的区别和问题如下：

（1）两项标准关于室内污染物检测的种类数不同。GB/T 18883—2002 规定对包括温度、湿度在内的 19 个项目进行检测；而 GB 50325—2020 经修订后也只规定氡、甲醛、苯、甲苯、二甲苯、氨、TVOC 7 个项目，显然规定项目太少，且没有规定检测的环境温湿度条件。对于污染物的检测，环境温湿度对污染物的散发影响非常大，环境条件的变化会直接导致污染物浓度的变化。

（2）两项标准规定对环境污染物浓度的测试条件不同。GB/T 18883—2002 测试条件要求采样前关闭门窗 12h，至少采样 45min。GB 50325—2020 关于有机物的检测方法规定为：对采用集中空调的民用建筑，应在空调正常运转的条件下进行；对采用自然通风的民用建筑，应在房间的对外门窗关闭 1h 后进行。以甲醛为例，虽然 GB 50325—2020 中 I 类建筑的限值规定为 0.07mg/m³，略低于 GB/T 18883—2002 规定的甲醛浓度限值 0.1mg/m³，但因其规定房间密闭时间 1h 远少于 GB/T 18883—2002 规定的 12h，则实际测量值相比于 GB/T 18883—2002 的就会更低，无形中放宽了室内环境验收条件。

GB 50325—2020 部分污染物浓度限值看似比 GB/T 18883—2002 严格，对于室内环境的评价这并不严谨。由于对室内空气污染物的采样要求（如采样前门窗关闭时间）不同，GB 50325—2020 要求密闭房间 1h，数据稳定性会远小于 GB/T 18883—2002 的 12h 测试结果。房间密闭 1h 存在较大的环境偶然性，如温度的变化，而温度的变化对污染物释放的速率影响巨大，所以 GB 50325—2020 部分污染物浓度测试值的不确定度远大于 GB/T 18883—2002。

（3）两项标准对放射性元素氡的检测采样周期不同。对于氡的检测，GB/T 18883—2002 标准要求采用"年平均值"作为室内氡浓度的检测指标，且至少采样三个月；GB 50325—2020 标准则要求在门窗关闭 24h 后进行采样，对采样时间没做具体规定，要求所选用方法的测量结果不确定度不应大于 25%，方法的探测下限不应大于 10Bq/m³。相比较而言，GB/T 18883—2002 标准的科学性更强，更严谨，比 GB 50325—2020 更能反映室内污染物的实际情况。

总之，由于《室内空气质量标准》（GB/T 18883—2002）是推荐性标准，没有强制性，导致在实际操作中，开发商和建筑部门为了自身利益使建筑工程早日投入使用，往往以《民用建筑工程室内环境污染控制标准》（GB 50325—2020）作为工程检测的标准。标准性质不同，会使业主在合法权益受到侵害后由于法律的适用性问题，而无法维护自身权益，使室内环境污染存在不确定空间。

我国住宅产业化快速发展初期，室内环境出现的问题在 2000 年开始显现，主要表现在 2000 年北京建外 SOHO 的室内氨气超标事件。室内污染的源头主要是建筑材料。室内环境污染引起社会关注，国家开始快速制定相关建筑材料的污染控制标准。下面就国家出台的建筑材料有害物质限量标准进行介绍与讨论。

第二节 建筑材料污染物控制的国家标准

2001年后，国家快速出台了室内装饰装修材料有害物质限量10项强制性国家标准，之后，部分标准经修订更加科学、严格。相关标准（表6-3）涵盖多数建筑室内装饰装修用材料，所涉及材料必须要达到强制标准的要求，是装饰装修材料进入市场的前提。这些标准有的随着材料的环保性提高和社会对环保需求的提升，进行了多次修订，有的还没有进行修订。

表6-3 室内装饰装修材料有害物质限量强制性国家标准

标准号	标准名称	标准状态
GB 18580—2017	室内装饰装修材料 人造板及其制品中甲醛释放限量	现行
GB 18581—2020	木器涂料中有害物质限量	2020-12-01 开始实施并代替 GB 18581—2009 和 GB 24410—2009
GB 18582—2020	建筑用墙面涂料中有害物质限量	2020-12-01 开始实施并代替 GB 18582—2008 和 GB 24408—2009
GB 18583—2008	室内装饰装修材料 胶粘剂中有害物质限量	现行
GB 18584—2001	室内装饰装修材料 木家具中有害物质限量	现行
GB 18585—2001	室内装饰装修材料 壁纸中有害物质限量	现行

标准号	标准名称	标准状态
GB 18586—2001	室内装饰装修材料 聚氯乙烯卷材地板中有害物质限量	现行
GB18587—2001	室内装饰装修材料 地毯、地毯衬垫及地毯胶粘剂 有害物质释放限量	现行
GB 18588—2001	混凝土外加剂中释放氨的限量	现行
GB 6566—2010	建筑材料放射性核素限量	现行
GB 30982—2014	建筑胶粘剂有害物质限量	现行
GB 38468—2019	室内地坪涂料中有害物质限量	现行
GB 31040—2014	混凝土外加剂中残留甲醛的限量	现行

为了便于比较，我们对以上各标准中规定的有害物质限量要求进行逐一分析。

一、人造板及木器涂料（木器漆）

人造板多用于装饰装修和家具制造，在木装修和家具中必然用到木器涂料，所以二者一同介绍分析。

表6-4列出了《室内装饰装修材料 人造板及其制品中甲醛释放限量》（GB 18580—2017）标准中对人造板及其制品中甲醛释放量的规定。其规定的甲醛释放量≤0.124mg/m³，限值较高。为进一步满足市场需求，在2021年10月即将实施的《人造板及其制品甲醛释放量分级》（GB/T 39600—2021）标准中首次对室内用人造板及其制品甲醛释放量进行了分级，分级指标如表6-4所示。从表中可以看到，最高级别 ENF 级对甲醛释放量的限值达到0.025mg/m³，是目前国内最严格的指标要求，因该标准为推荐标准，行业准入门槛仍为0.124mg/m³，对阻燃板等基础装修用人造板约束性不高，但对引导人造板及制品向环保健康方向发展具有较大意义。

表 6-4 室内人造板及其制品甲醛释放量分级

甲醛释放量等级	限量值（mg/m³）	标识
E_1 级[a]	≤0.124	E_1
E_0 级	≤0.050	E_0
E_{NF} 级	≤0.025	E_{NF}

[a] E_1 级为 GB 18580—2017 中规定的人造板及其制品的甲醛释放限量值及标识

与 GB/T 39600—2021 同批实施的标准中还有《基于极限甲醛释放量的人造板室内承载限量指南》（GB/T 39598—2021），适用于室内家具、橱柜、木质门、木质墙板、木质地板等木质制品使用的人造板承载限量，旨在给出单一品类人造板在固定空间的最大使用面积，指导人造板的合理利用，为装修设计提供参考。该标准中对于多种人造板同时使用时的情况，要求"以使用量最大板材的极限甲醛释放量计算室内承载限量，其他人造板的极限甲醛释放量不能超过该板材的极限甲醛释放量"，用最严格的要求进行约束。但笔者认为，该标准的提出对于装修设计的指导仍然具有局限性，没有考虑与其他品类装修材料之间的相互作用关系，如完全按照该标准要求，则仅能实现室内在不使用其他装饰装修材料的前提下，满足空气质量标准要求，但这并不符合实际情况及设计需求。

《木器涂料中有害物质限量》（GB 18581—2020）标准代替 GB 18581—2009 和 GB 24410—2009 两项标准，于 2020 年 12 月 1 日开始实施。该标准将木器涂料分为溶剂型涂料、水性涂料（含腻子）、辐射固化涂料（含腻子）和粉末涂料四类，细化了有害物质种类，部分有害物质限值相较于被代替标准中规定限值更严格。从表 6-5 中可以看到，在木器涂料有害物质限量标准中，有许多污染物限制规定，污染种类多。而事实上，造成室内空气污染的程度，家具的贡献有可能不亚于装修本身。家具的污染相当一部分又来源于木器涂料。

事实上从室内环境来讲，污染物多，释放量高并不可怕；关键是何时能够释放完，如果在短时间内释放完成，以后不再释放污染物也无妨；可怕的是这种释放是长期的，会对室内环境造成长期污染。

表 6-5　GB 18581—2020 木器涂料中有害物质限量

项目		限量值								
		溶剂型涂料（含腻子）				水性涂料（含腻子）		辐射固化涂料（含腻子）		粉末涂料
		聚氨酯类	硝基类（限工厂化涂装使用）	醇酸类	不饱和聚酯类	色漆	清漆	水性	非水性	
VOC含量	涂料（g/L）≤	面漆［光泽（60°）≥80 单位值］；550 面漆［光泽（60°）<80 单位值］；650 底漆：600	700	450	420	250	300	250	420	—
	溶剂型腻子（g/L）≤	400		300		—				
	水性和辐射固化腻子（g/kg）≤	—				60		60		
甲醛含量（mg/kg）≤		—				100		100		—	—
总铅(Pb)含量(mg/kg)≤（限色漆、腻子和醇酸清漆）		90								
可溶性重金属含量（mg/kg）≤（限色漆、腻子和醇酸清漆）	镉（Cd）含量	75								
	铬（Cr）含量	60								
	汞（Hg）含量	60								
乙二醇醚及醚酯总和含量（mg/kg）≤（限乙二醇甲醚、乙二醇甲醚醋酸酯、乙二醇乙醚、乙二醇乙醚醋酸酯、乙二醇二甲醚、乙二醇二乙醚、二乙二醇二甲醚、三乙二醇二甲醚）		300								
苯含量（%）≤		0.1				—		—	0.1	—

续表

项目	限量值								
	溶剂型涂料（含腻子）				水性涂料（含腻子）		辐射固化涂料（含腻子）		粉末涂料
	聚氨酯类	硝基类（限工厂化涂装使用）	醇酸类	不饱和聚酯类	色漆	清漆	水性	非水性	
甲苯与二甲苯（含乙苯）总和含量（%）≤	20	20	5	10	—	—	—	5	—
苯系物总和含量（mg/kg）≤ ［限苯、甲苯、二甲苯（含乙苯）］	—				250	250	250	—	—
多环芳烃总和含量（mg/kg）≤（限萘、蒽）	200				—	—	—	200	—
游离二异氰酸酯总和含量（%）［限甲苯二异氰酸酯（TDI）、六亚甲基二异氰酸酯（HDI）］≤	潮（湿）气固化型：0.4 其他：0.2	—							
甲醇含量（%）≤	—	0.3	—	—	—	—	—	0.3	—
卤代烃总和含量（%）≤（限二氯甲烷、三氯甲烷、四氯化碳、1,1-二氯乙烷、1,2-二氯乙烷、1,1,1-三氯乙烷、1,1,2-三氯乙烷、1,2-二氯丙烷、1,2,3-三氯丙烷、三氯乙烯、四氯乙烯）	0.1				—	—	—	0.1	—
邻苯二甲酸酯总和含量（%）≤ ［限邻苯二甲酸二丁酯（DBP）、邻苯二甲酸丁苄酯（BBP）、邻苯二甲酸二异辛酯（DEHP）、邻苯二甲酸二辛酯（DNOP）、邻苯二甲酸二异壬酯（DINP）、邻苯二甲酸二异癸酯（DIDP）］	—	0.2	—	—	—	—	—	—	—

项目	限量值								
	溶剂型涂料（含腻子）				水性涂料（含腻子）		辐射固化涂料（含腻子）		粉末涂料
	聚氨酯类	硝基类（限工厂化涂装使用）	醇酸类	不饱和聚酯类	色漆	清漆	水性	非水性	
烷基酚聚氧乙烯醚总和含量（mg/kg）≤ {限辛基酚聚氧乙烯醚 $[C_8H_{17}-C_6H_4-(OC_2H_4)_nOH$，简称 $OP_nEO]$ 和壬基酚聚氧乙烯醚 $[C_9H_{19}-C_6H_4-(OC_2H_4)_nOH$，简称 $NP_nEO]$，$n=2\sim16$}	—				1000		1000		—

二、建筑涂料

对一个单元住宅来说，其墙面面积一般是其建筑面积的 4～5 倍。建筑涂料由于在建筑室内使用面积大，对室内空气影响大而备受关注。

《建筑用墙面涂料中有害物质限量》（GB 18582—2020）标准代替 GB 18582—2008 和 GB 24408—2009 两项标准，于 2020 年 12 月 1 日开始实施。这次 GB 18582—2020 的修订，将内墙涂料、外墙涂料和装饰板涂料均包含其中。表 6-6 和表 6-7 分别列出了 GB 18582—2020 标准中水性墙面涂料和装饰板涂料中有害物质限量要求。从各项限值要求来看，相较于 GB 18582—2008 标准，新标准中关于水性内墙涂料的 VOC 含量、甲醛含量等有害物质限量值更严格。同时，装饰板涂料的有害物质限量也被首次提出，但与《木器涂料中有害物质限量》（GB 18581—2020）部分指标相比，稍显宽泛。

表 6-6　GB 18582—2020 建筑用墙面涂料中有害物质限量（水性墙面涂料）

项目	限量值	
	内墙涂料	腻子
VOC 含量≤	80g/L	10g/kg

项目	限量值	
	内墙涂料	腻子
甲醛含量（mg/kg）≤	50	
苯系物总和含量（mg/kg）≤ ［苯、甲苯、二甲苯（含乙苯）］	100	
总铅（Pb）含量（mg/kg）≤ （限色漆和腻子）	90	
可溶性重金属含量（mg/kg）≤ （限色漆和腻子）	镉（Cd）含量	75
	铬（Cr）含量	60
	汞（Hg）含量	60
烷基酚聚氧乙烯醚总和含量（mg/kg）≤ ｛限辛基酚聚氧乙烯醚［$C_8H_{17}-C_6H_4-(OC_2H_4)_nOH$，简称$OP_nEO$］和壬基酚聚氧乙烯醚［$C_9H_{19}-C_6H_4-(OC_2H_4)_nOH$，简称$NP_nEO$］，$n=2\sim16$｝	1000	—

表 6-7　GB 18582—2020 建筑用装饰板涂料中有害物质限量

项目	限量值			
	水性装饰板涂料		溶剂型装饰板涂料	
	合成树脂乳液类	其他类	含效应颜料类	其他类
VOC 含量（g/L）≤	120	250	760	580
甲醛含量（mg/kg）≤	50		—	
总铅（Pb）含量（mg/kg）≤ （限色漆）	90			
可溶性重金属含量（mg/kg）≤ （限色漆）	镉（Cd）含量	75		
	铬（Cr）含量	60		
	汞（Hg）含量	60		
乙二醇醚及醚酯总和含量（mg/kg）（限乙二醇甲醚、乙二醇甲醚醋酸酯、乙二醇乙醚、乙二醇乙醚醋酸酯、乙二醇二甲醚、乙二醇二乙醚、二乙二醇二甲醚、三乙二醇二甲醚）　≤	300			
卤代烃总和含量(%)　≤ （限二氯甲烷、三氯甲烷、四氯化碳、1,1-二氯乙烷、1,2-二氯乙烷、1,1,1-三氯乙烷、1,1,2-三氯乙烷、1,2-二氯丙烷、1,2,3-三氯丙烷、三氯乙烯、四氯乙烯）	—		0.1	

项目	限量值			
	水性装饰板涂料		溶剂型装饰板涂料	
	合成树脂乳液类	其他类	含效应颜料类	其他类
苯含量（%） ≤	—		0.3	
甲苯与二甲苯（含乙苯）总和含量（%） ≤	—		20	

客观讲，水性涂料的污染控制是比较成功的，市场上相对高端的产品，其 VOC 和甲醛的含量并不高。水性涂料污染的控制主要决定于原材料，而原材料的污染物含量控制会增加成本。水性涂料一般情况成膜时间为 7d，污染物会集中释放，释放周期相对较短，后期污染物释放较少。劣质涂料或涂料配方存在问题，污染物释放周期会加长。

三、胶粘剂

胶粘剂是室内化学污染的主要来源，因为许多建筑构件、家具以及墙面施工中都会用到胶粘剂。而胶粘剂的使用往往比较隐蔽，用量的大小因装饰材料选用的不同而不同。也可能用量很小，却会造成很大的污染。

胶粘剂主要有溶剂型、水基型和本体型 3 类。表 6-8 ～ 表 6-10 分别列出了 GB 18583—2008 中对 3 种类型胶粘剂中有害物质限量的规定。

表 6-8　GB 18583—2008 室内装饰装修材料 胶粘剂中有害物质限量（溶剂型）

项目	指标			
	氯丁橡胶胶粘剂	SBS 胶粘剂	聚氨酯类胶粘剂	其他胶粘剂
游离甲醛（g/kg）	≤ 0.50		—	—
苯（g/kg）	≤ 5.0			
甲苯 + 二甲苯（g/kg）	≤200	≤150	≤150	≤150
甲苯二异氰酸酯（g/kg）	—		≤10	—
二氯甲烷（g/kg）		≤50		
1,2-二氯乙烷（g/kg）	总量≤5.0		—	≤50
1,1,2-三氯乙烷（g/kg）		总量≤5.0		
三氯乙烯（g/kg）				
总挥发性有机物（g/L）	≤700	≤650	≤700	≤700

表 6-9　GB 18583—2008 室内装饰装修材料 胶粘剂中有害物质限量（水基型）

项目	指标				
	缩甲醛类胶粘剂	聚乙酸乙烯酯胶粘剂	橡胶类胶粘剂	聚氨酯类胶粘剂	其他胶粘剂
游离甲醛（g/kg）	≤ 1.0	≤ 1.0	≤ 1.0	—	≤ 1.0
苯（g/kg）	≤ 0.20				
甲苯＋二甲苯（g/kg）	≤10				
总挥发性有机物（g/L）	≤350	≤110	≤250	≤100	≤350

表 6-10　GB 18583—2008 室内装饰装修材料 胶粘剂中有害物质限量（本体型）

项目	指标
总挥发性有机物（g/L）	≤100

从 3 个表中可以看出，胶粘剂的类型多、污染物种类多，有害物质向空气中的释放量也大，所以胶粘剂是目前室内主要污染物主要来源之一。不能说水基胶粘剂就一定环保，表中不同水基胶粘剂中的 TVOC 含量差别较大，即使是水性，也会含有大量的挥发性助剂，有可能组分的一半会挥发到空气中；对室内空气造成极其严重的污染。溶剂型胶粘剂中 TVOC 的含量就更高了，污染也更重。其实，家具中一些污染物的来源也是胶粘剂，黏结材料无处不在，室内空气污染防不胜防。

四、家具

家具应该说是室内空气重要的污染源之一，主要因为它可能会用到人造板、胶粘剂、塑料制品及木器漆等。其原材料，除了实木之外，所用材料都是高污染风险材料。

表 6-11 列出了 GB 18584—2001 中对木家具中有害物质限量的规定，其中只规定了甲醛释放量和重金属含量两大项，且至今没有修订。在木家具产品的制作过程中，经常会用到胶粘剂，而木器漆是满足美观性、实用性、耐久性必用品。所以木家具作为产品在实际应用中就会存在给室内空气带来其他种类的有机污染物的安全隐患，但在 GB 18584—2001 标准中并未涉及除甲醛以外的其他有机污染物限值要求，也未提及与 GB 18581 和 GB18583 等标准的关联性，因此该标准还有很多严重不足之处。木器家具

的污染除了甲醛之外，TVOC 的污染应该是更严重的污染物。

表 6-11　GB 18584—2001 室内装饰装修材料 木家具中有害物质限量

项目		限量值
甲醛释放量（mg/L）		≤1.5
重金属含量（限色漆）（mg/kg）	可溶性铅	≤90
	可溶性镉	≤75
	可溶性铬	≤60
	可溶性汞	≤60

五、壁纸

壁纸是装饰装修常用的装饰材料之一，日本的壁纸业最为发达。使用壁纸装修引起的室内空气污染除了考虑壁纸本身之外，胶粘剂也是一大污染隐患。

室内装修使用的壁纸有塑料基、布基、纸基等多种类型。塑料基壁纸除了防止甲醛外，还应注意其他挥发性有机化合物（VOC）和塑化剂等半挥发性有机化合物（SVOC）。但从表 6-12 可以看到，GB 18585—2001 标准中没有对这些有害物质进行规定。布基壁纸为了保证使用性能有时会进行"后整理"而使用含有甲醛的材料，进而带入甲醛。

该标准一直没有进行修订，已经严重落后于环保需求。

表 6-12　GB 18585—2001 室内装饰装修材料 壁纸中有害物质限量

有害物质名称		限量值（mg/kg）
重金属（或其他）元素	钡	≤1000
	镉	≤25
	铬	≤60
	铅	≤90
	砷	≤8
	汞	≤20
	硒	≤165
	锑	≤20
氯乙烯单体		≤1.0
甲醛		≤120

六、地板革——聚氯乙烯卷材

聚氯乙烯卷材地板也俗称地板革，因其具有防潮、施工便捷、花色多样等特点，多年来被广泛应用于室内装饰装修。但在其生产加工及使用过程中产生的氯乙烯单体及降黏剂、稀释剂、增塑剂等产生的挥发性有机化合物对人体危害较大。标准中明确规定不得使用铅盐助剂，而镉类稳定剂是聚氯乙烯卷材地板生产中常用的稳定剂，所以可溶性重金属着重对铅和镉进行了限量规定。表 6-13 为 GB 18586—2001 对聚氯乙烯卷材地板中有害物质限量的要求。从污染物限量数据来看，其挥发物量大，污染风险高。

表 6-13　GB 18586—2001 室内装饰装修材料 聚氯乙烯卷材地板中有害物质限量

有害物质		限量			
		发泡类		非发泡类	
		玻璃纤维基材	其他基材	玻璃纤维基材	其他基材
挥发物（g/m²）≤		75	35	40	10
氯乙烯单体（mg/kg）≤		5			
可溶性重金属（mg/m²）≤	铅	20			
	镉	20			

七、地毯及其辅料

地毯产品主要包括地毯、地毯衬垫和地毯胶。表 6-14 ~ 表 6-16 是《室内装饰装修材料 地毯、地毯衬垫及地毯胶粘剂有害物质释放限量》（GB 18587—2001）标准要求的各组成部分对有害物质的限量要求。

表 6-14　地毯有害物质的限量

有害物质	限量［mg/（m²·h）］	
	A 级	B 级
总挥发性有机化合物（TVOC）	≤0.500	≤0.600
苯乙烯	≤0.400	≤0.500
4-苯基环乙烯	≤0.050	≤0.050
甲醛	≤0.050	≤0.050

表6-15　地毯衬垫有害物质的限量

有害物质	限量 [mg/ (m² · h)]	
	A 级	B 级
总挥发性有机化合物（TVOC）	≤1.000	≤1.200
甲醛	≤0.050	≤0.050
丁基羟基甲苯	≤0.030	≤0.030
4-苯基环乙烯	≤0.050	≤0.050

表6-16　地毯胶粘剂有害物质的限量

有害物质	限量 [mg/ (m² · h)]	
	A 级	B 级
总挥发性有机化合物（TVOC）	≤10.000	≤12.000
甲醛	≤0.050	≤0.050
2-乙基乙醇	≤3.000	≤3.500

标准对地毯、地毯衬垫和胶粘剂的污染物散发速率做了明确规定。单种材料的污染物释放速率很大，几种材料叠加在一起污染物释放速率会更大。其标准是2001年制定的，至今没有修订，已经严重落后于环保要求。

例如，以地毯散发甲醛限值要求不超过$0.05mg/ (m^2 · h)$为例，如全屋地面铺满地毯（层高2.5m），甲醛在室内的浓度增加速率则是$0.02mg/ (m^3 · h)$，实际应用中地毯、地毯衬垫和地毯胶同时使用的话，则散发的甲醛在室内的浓度增加速率可看作是$3 × 0.02 = 0.06mg/ (m^3 · h)$，按照GB/T 18883—2002标准中筛选法采样要求，采样前关闭门窗12h，在室内没有空调以及不考虑门窗漏气的情况，则地毯产品12h后会使得室内甲醛浓度从0飙升至$0.72mg/m^3$。所以为避免这种情况发生，一种是对地毯产品的有害物质释放量要求更加严格，另一种就是减少其在装饰装修中的使用面积。

八、混凝土外加剂

为了改善混凝土的施工性和环境适应性，混凝土中会添加适量的"外加剂"。这些外加剂既有有机高分子，也有无机盐和有机盐。目前来说，发现外加剂中对室内环境影响的还有胺基的防冻剂。在20世纪90年代广泛使用胺基有机物，造成氨气缓慢释放，污染室内环境。2001年制定的GB

18588—2001 对氨气释放进行了规定（表6-17）。应该说该标准的出台有力地控制了氨气对室内环境的污染。

表6-17　GB 18588—2001 混凝土外加剂中释放氨限量

项目	限量
氨释放量	≤ 0.10%（质量分数）

氨气是一种无色有刺激性恶臭味的气体，对黏膜和皮肤有碱性刺激及腐蚀性，易通过呼吸道入侵人体，引起反射性呼吸停止和心脏停搏。早期，氨气污染主要来源于冬天施工所采用的混凝土防冻剂，但现在建筑中并非无氨气污染，有的装饰装修工程中仍然出现氨超标现象。此外，现今动物的排泄物也成了室内氨气污染的重要来源之一。

九、建筑材料放射性核素限量

建筑材料放射性核素限量要求，只要原材料的放射性元素严格控制基本都能达到要求。而且现在许多室内建材产品标准也都规定必须达到 A 类产品指标要求（表6-18）。

表6-18　GB 6566—2010 建筑材料放射性核素限量

类别	内照指数	外照指数
A 类产品	≤1.0	≤1.3
B 类产品	≤1.3	≤1.9
C 类产品	—	≤2.8

注：
A 类产品：使用范围不受限制；
B 类产品：不可用于 I 类民用建筑的内饰面，但可用于 I 类民用建筑的外饰面及其他建筑物的内、外饰面；
C 类产品：只可用于建筑物的外饰面及室外其他用途。

其实，建材放射性标准只是从材料本身对放射性做了规定。事实上仍有不完善的地方，标准规定是按照材料的质量来计算材料中放射性物质的。外照射水平和材料的用量相关，内照射除了和材料的量相关外，也和材料的使用方式与外暴露有关。

以上多项室内装饰装修材料有害物质限量标准，对来自建材的主要有机污染物、重金属和放射性元素都给予了明确的限值规定。从源头控制污染物含量，改善人居环境污染现状，这对我国室内污染的控制起到了非常大的促进作用。在室内装饰装修材料有害物质限量系列标准颁布实施以来，多项标准由于技术发展和行业需求进行了修订，使得标准限值和测试方法更为严格与科学。这些标准的实施，对提高全社会的室内环保意识，规范我国的装饰装修材料市场，推动我国建筑室内环保和装饰装修材料行业向创新、绿色化、环保化方向发展起到了至关重要的作用。

但是正如前面对每一个标准的分析，我们的强制性国标还存在一定的缺陷，主要是控制项目不全、污染物的释放速率不明确、部分指标不够严格等。

应特别注意的是，室内装饰装修材料有害物质限量的强制性国家标准，每项只针对单一的产品。有些指标的限值很高，远远落后于部分先进国家的标准指标要求。而且，各项标准中没有将不同建材的污染物释放量与其对室内空气污染的贡献率结合考虑，在实际应用中经常出现单项产品符合标准但室内空气质量严重超标的现象。因此，缺少材料集成应用的综合控制标准是导致目前建筑室内污染高居不下的一个主要原因。

同时还必须注意，我们对壁纸、涂料以及塑料制品建材中半挥发性有机化合物（SVOC）的污染关注不够，国际上相关关注度则在日益提高。我国应该对相关标准进行修订，防止半挥发性有机化合物的污染。

第三节　了解建筑材料行业标准中对有害物质的控制

一、行业标准的管理与定位

我国各行各业都有自己的部委级主管部门，行业标准一般由相应部委的主管部门来立项和管理。

建材行业以前曾由国家发改委主管，现在由国家工业和信息化部主管。总体来说，建材属于工业系统，由工业系统来主管。

首先来看一看 2017 年修订后最新的《中华人民共和国标准化法》。根据《中华人民共和国标准化法》的规定，对没有推荐性国家标准、需要在全国某个行业范围内统一的技术要求，可以制定行业标准。行业标准，由国务院有关行政主管部门制定，报国务院标准化行政主管部门备案。应注意行业标准是推荐性标准。建材行业标准代号为 JC/T。

二、行业标准的作用

行业标准的制定是我国按行业各部委的行政制度安排的，既有优点也有缺点。优点是专业性强、对行业发展具有引导和规范作用，缺点是行业垄断和行业保护主义严重。

随着我国体制改革的进行，现在一般工业行业标准，如建材，全国性行业协会——中国建材联合会组织业内各标委会向工信部管理部门进行申报，工业和信息化部进行立项和标准发布。行业标准主要包括产品标准、检验方法标准、基础术语类标准等。行业标准具有专业性强、技术性强和可操作性强等特点。

三、行业标准存在行业的交叉与竞争

虽然国家标准化法规定"行业标准的归口部门及其所管理的行业标准范围，由国务院有关行政主管部门提出申请报告，国务院标准化行政主管部门审查确定"，但是仍然存在标准业务范围不够详细导致的交叉。所以，我国的行业标准可能同一类产品有不同的行业标准，存在行业间争抢标准市场的问题。

建材行业的标准一般由工信部立项制定，部分涉及材料环保性的标准，住建部、环保部和化工系统也都在制定，存在交叉问题，如表 6-19 所示。标准管理在相关部门之间也存在利益问题，形成了现在多部委参与的现状，既有历史的问题，也有利益的问题。国家环境保护总局，在建材产品环境管理方面意识在先，行动在先，从标识方面来做工作，制定了很多标准。

表 6-19　部分行业标准信息表

行业	标准号	名称	批准发布部门
建材行业	JC/T 2177—2013	硅藻泥装饰壁材	工业和信息化部
	JC/T 2083—2011	建筑用水基无机干粉室内装饰材料	工业和信息化部
	JC/T 2498—2018	内墙用贝壳粉装饰壁材	工业和信息化部

行业	标准号	名称	批准发布部门
化工行业	HG/T 5172—2017	水性液态内墙硅藻涂料	工业和信息化部
轻工行业	QB/T 2280—2016	办公家具 办公椅	工业和信息化部
建工行业	JG/T 481—2015	低挥发性有机化合物（VOC）水性内墙涂覆材料	住房城乡建设部
	JG/T 445—2014	无机干粉建筑涂料	住房城乡建设部
环保行业	HJ/T 2537—2014	环境标志产品技术要求 水性涂料	环境保护部
	HJ/T 414—2007	环境标志产品技术要求 室内装饰装修用溶剂型木器涂料	国家环境保护总局

第四节　建材产业地方、团体与企业标准的作用

一、地方标准

为满足地方自然条件、风俗习惯等特殊技术要求，国家规定可以制定地方标准。我国地域辽阔，各省、市、自治区和一些跨省市的地理区域，其自然条件、技术水平和经济发展程度差别很大，对某些具有地方特色的农产品、土特产品和建筑材料，或只在本地区使用的产品，或只在本地区具有的环境要素等，有必要制定地方性的标准。制定地方标准一般有利于发挥地区优势，有利于提高地方产品的质量和竞争能力，同时也使标准更符合地方实际，有利于标准的贯彻执行。地方标准由省、自治区、直辖市人民政府标准化行政主管部门报国务院标准化行政主管部门备案，由国务院标准化行政主管部门通报国务院有关行政主管部门。

二、团体标准

新标准化法第 18 条规定，国家鼓励学会、协会、商会、联合会、产

业技术联盟等社会团体协调相关市场主体共同制定满足市场和创新需要的团体标准，由本团体成员约定采用或者按照本团体的规定供社会自愿采用。

新的《中华人民共和国标准化法》从2018年1月1日施行后，团体标准如雨后春笋，几乎每个社团都在制定自己的团体标准。

团体标准是要做到面向市场打造"标准精品"，具有"实用性、先进性和引领性"。按照国标委肖寒同志的解读，团体标准突出"快、新、活、高"四个字。"快——速度快及时响应市场需求""新——能迅速跟进行业新技术、新产品""活——制定工作机制灵活""高——技术指标普遍高于国内外领先水平"等特点。团体标准的推广和应用方面要求：自行负责、成员约定采用和社会自愿采用。新标准化法规定，制定标准的部门应当建立标准实施信息反馈和评估机制。目前，我国已经建立相关评估机制。

现在，我国的政策鼓励"一行多会"进行市场竞争，初期必然出现一个产品多个团体标准的状态，成为协会竞争的一种措施与手段。为此企业盲从参与社团会付出很高的成本，社会也可能为此付出代价。不可否认，个别专业性协会制定的团体标准，有部分脱颖而出，转化成国家标准。团体标准是大浪淘沙，沉淀出多少金子，还有多长的路要走，要拭目以待。

三、企业标准

"企业可以根据需要自行制定企业标准，或者与其他企业联合制定企业标准。"企业标准是最基层的标准，是根据企业自身产品的技术水平制定的产品标准。一般来说，企业标准的技术水平应高于团体标准、行业标准及国家标准，否则就失去了制定的意义。

新标准化法规定"国家支持在重要行业、战略性新兴产业、关键共性技术等领域利用自主创新技术制定团体标准、企业标准""推荐性国家标准、行业标准、地方标准、团体标准、企业标准的技术要求不得低于强制性国家标准的相关技术要求。国家鼓励社会团体、企业制定高于推荐性标准相关技术要求的团体标准、企业标准。"

第五节　我国控制室内环境污染标准体系之我见

一、标准体系分析

我国在室内污染控制方面采用的措施，从国家标准层面来看，以强制性有害物质限量标准和相关施工验收标准为基础，双重保障室内空气质量。

1. 室内污染控制国家标准间的关系

国家级的产品标准是一个最低的市场准入标准，满足这个标准之后还要达到相关的行业标准的要求。行业标准多为具体的针对每种产品制定的标准，这使得产品的生产制造有据可依。因此，从国家立法到国家标准、行业标准到企业标准层层严控，就能达到人居室内环境舒适健康的最终目的。

但仍应注意以下问题：

（1）《民用建筑工程室内环境污染控制标准》（GB 50325—2020）是针对建筑工程和室内装修工程完工后的室内环境质量验收依据。在进行检测时，要求装饰装修工程中完成的固定式家具应保持正常使用状态，但对于其他家具及生活用品进入室内后对室内环境污染的问题不做考察，因此该标准并不能全面保证人员在室内正常生活时的环境安全。

（2）室内装饰装修材料有害物质限量系列标准中所规定的各种材料限值要求即便再低，在实际应用中，仍存在累积污染等问题；符合标准并不代表没有污染。

（3）《民用建筑工程室内环境污染控制标准》（GB 50325）与《室内空气质量》（GB/T 18883）两项标准，并没有和室内装饰装修材料有害物质限量系列标准形成可量化的关联关系，相当于"各行其是"。从整体来看，在国家标准层面对室内污染控制还需进一步完善。

笔者认为，解决以上问题可以从几个方面入手：首先要进行污染的源头控制。行业与企业应制定严格的产品（装饰装修材料和家具等）有害物质限量标准规范，最大限度降低所用材料和产品中的有害物质含量，并进行有害物质单位面积释放量测试；其次根据所选择材料的污染物单位面积释放量、材料使用量和面积以及建筑空间体积和通风情况进行室内空气质量预评估。

2. 行业标准的作用

一般来说，行业标准的技术指标要比国家标准的指标高，有害物质限量要求更严格。我国行业标准的特点是对每一种产品的规定比较具体，虽然不是强制标准而约束力稍弱，但产业引导性比较强。

3. 标准制度改革

《中华人民共和国标准化法》对标准制订管理进行了改革，主要变化可简单归纳为：第一，强制性标准由国务院部门统一管理，各行业不再有强制性标准，体现在抓主要、精简；第二，行业标准都是推荐性标准；第三，社会团体可以制定团体标准，这是改革的重要内容之一。团体标准作为我国标准体系的重要补充，为激发国内标准发展活力提供支持，促进标准化创新更好发展。但团体标准的合法化也会带来新的问题，社团间在市场竞争过程中，分别针对同一类产品制定多项团体标准；企业在采用标准过程中为了回避执法检查会采用技术指标低的标准，这样不利于促进产品质量的提高；检测机构为了赢得市场也会将低要求的标准纳入测试体系吸引企业检测。

团体标准应该建立在诚信的社会体系中，没有社会诚信就会出现负面效果。国外的团体标准例如美国 ASTM 标准，是非常专业的标准化机构，具有权威性。国内在标准化改革后，各相关社团为了自身利益同一个产品在不同协会中建立不同的标准现象频出。对于消费者而言，面对名目繁多的标准，无法判断是非。所以在现有社会环境条件下，团体标准的作用还有待社会检验。我国也成立了"中关村材料试验技术联盟"（简称英文速写 CSTM），其目标就是将材料检测技术与标准规范统一化，参与国际竞争。

二、室内污染控制标准体系中存在的难题

在装饰装修中，材料的集成污染程度预测一直是个难题。究其原因是相关标准与实际应用造成的污染之间没有关联性，如装饰装修材料的有害

物质限量系列标准不能对装饰装修的污染预测提供指导。现有的有关装饰材料污染物单位面积释放量的测试方法标准存在测试时间周期长，测试条件脱离应用实际等问题。

解决集成污染的问题，首先要准确测定各种材料在日常使用条件下的污染物单位面积释放量。

国际上有"气候舱法"，《室内空气 第9部分：建筑产品和家具释放挥发性有机物的测定 释放试验室法》（ISO 16000-9-2006），我国在2017年也发布了《建筑装饰装修材料挥发性有机物释放率测试方法——测试舱法》（JG/T 528—2017）。两项测试方法标准的区别主要是JG/T 528—2017标准相较于ISO 16000-9-2006增加了各种类型建筑装饰装修材料的样品处理方式，明确了各种类型建筑装饰装修材料的材料与测试舱的负荷比。

测试原理是将试件置于一定条件（温度、湿度和空气流速）的测试舱中，试件释放的挥发性有机物随着进入试验舱的气体流出，用吸附剂或吸收液在测试舱出口处分别采集一定体积的气体，选用适当的分析方法测定目标污染物的释放浓度，并根据释放浓度、产品负载率、气体交换率计算挥发性有机物的释放速率。

材料污染物的散发速率是和环境条件相关联的。如果能够测定出材料在使用条件下可能的最大散发速率，以这个散发速率结合材料使用量、空间体积和使用条件来计算预测室内的污染物浓度，对室内污染的控制才是可靠的。

我国的大部分居民建筑没有新风系统，所以应按照在和大气没有主动空气交换的情况下，来预测计算室内的污染浓度，才更符合我国的国情，而按照国际上在一定空气置换率的气候舱法内测定的污染气体散发率不符合我国的实际情况，用这个散发速率预测计算室内空气污染物的变化对实际应用指导意义不大。所以，有必要研究测定材料在常温常压条件下的最大散发速率，其指的是：材料在常温常压下向含有洁净空气的自由空间散发污染物的速率。这里的自由空间是指空气没有该污染物，或污染物在空气中的道尔顿分压为零。

中国建筑材料科学研究总院冀志江团队，致力于从问题的源头出发来解决这一难题，已经提出了新的污染物单位面积释放量测试方法，即承载率极限法。材料承载率（L_R）为放入舱中材料面积A和舱体容积V之比。

也就是说，在一个密闭的舱室（比如 $1\,m^3$），放入一定量的材料，随着舱室密闭时间的增加，污染物浓度会逐渐增加直到散发与吸附平衡，达到平衡浓度，舱内浓度不变。通常情况下，承载率越小，即放入舱内的材料越少，达到平衡的时间越长；当舱内放入的材料逐渐减小时，平衡时间就越长。这时候舱中的污染物的浓度和舱的承载率以及散发速率（E_R）成正比，即

$$C = L_R \cdot E_R \cdot t + \text{Constant}$$

式中　E_R——散发速率，单位时间单位面积向空间散发污染的质量；

　　　　t——时间；

　Constant——常数。

当承载率小到一定程度，材料在自由空间开始释放的速率应是最大释放速率：

$$E_R = \lim_{A \to 0, t \to 0} \left(\frac{1}{L_R} \right) \frac{dC\ (t)}{dt} = \lim_{A \to 0, t \to 0} \frac{V dC\ (t)}{A dt}$$

如果我们通过实验测得各种材料污染物的最大释放速率，房间的空间体积、材料种类与使用面积已知，就可以计算出室内污染浓度经过多长时间达到室内空气污染物浓度的限量值。

即，

$$C = (\alpha_1 S_1 E_{R1} + \alpha_2 S_2 E_{R2} + \cdots + \alpha_n S_n E_{Rn}) \cdot \frac{t}{V_{空间}}$$

式中　S_1，S_2，$\cdots$，S_n——所用材料的使用面积；

　E_{R1}，E_{R2}，$\cdots$，E_{Rn}——相应的一种污染物的释放速率；

　　α_1，α_2，$\cdots$，α_n——修正系数；

　　　　　　　t——污染物积累时间（密闭门窗时间）；

　　　$V_{空间}$——房间容积。

根据此原理也可以测试和计算出，在极小承载率下材料释放的平衡浓度最大。以此，冀志江团队制定了推荐性国家标准《室内绿色装饰装修选材评价体系》（GB/T 39126—2020），该标准可以对装饰装修材料的集成污染进行预测，在选材清单列出后，根据各种材料的散发速率、用量、空间体积、新风量等即可估算出室内甲醛、苯、甲苯、二甲苯、TVOC 等污染物浓度。

三、我国法律与标准体系和控制流程中的不足

1. 没有对室内环境污染防控进行单独立法

我国的国家级控制法规中没有涉及室内环境的污染防治问题，这在立法上是一大缺陷。我国在国家级的《建筑法》和《环境保护法》中都没有明确对室内环境的保护，只是将室内外环境一并谈起，笼统地说要在建筑施工和社会生产生活中保护环境，并没有针对室内环境保护的特殊性以法条的形式单独规定，这显然没有对室内环境污染控制起到直接的帮助。

2. 室内环境污染控制标准相对要求较低

（1）产品标准环保指标要求低，尤其是对家具、地毯等产品的污染物释放标准要求过低。

（2）室内污染控制标准《民用建筑工程室内环境污染控制标准》（GB 50325—2020）仍存在较大缺陷，甲应、氨、苯、甲苯、二甲苯、TVOC 浓度检测时，房间密闭时间短（仅1h），很难保证检测结果的一致性。这种不确定性和宽松条件，给工程验收带来了施工单位投机的可能性。

3. 室内环境污染控制标准体系存在较大缺陷

《民用建筑工程室内环境污染控制标准》（GB 50325—2020）与《室内空气质量》（GB/T 18883—2002）两项标准并没有和有害物质限量系列标准形成可量化的关联关系，缺乏具有可操作性的不同材料集成于室内的污染程度评价标准。由于室内环境的情况千差万别，在各种施工方案中对各种能产生挥发物的材料的使用面积、使用范围等没有明确规定的情况下，即使每种产品都达到了市场准入的要求，也不能保证人们居住的室内环境符合健康标准。

4. 针对检测机构所需承担的社会责任没有强制立法

在市场经济条件下，检测机构强调经济效益，存在仅对"出钱"方负责，从而在工程验收时检测机构与施工单位形成"同盟"关系的情形，置消费者利益于不顾。

5. 缺乏室内环境污染控制的相关研究，尤其是集成污染相关研究不足

国家对集成污染相关研究的支持力度较小，支持标准制定的基础性、理论性数据尚不足，使某些标准出现不符合我国实际情况的现象。

第六节　美国、日本室内污染控制相关法规标准简介

国外及我国港台地区在室内污染控制方面已经出台了系列法规和标准，其对我国室内污染控制的立法研究和标准完善等方面有很好的借鉴意义。本节主要介绍一些发达国家和我国港台地区在室内污染控制方面的法规和标准。

一、美国在室内污染控制方面的法规和标准

1. 国家立法

美国室内环境立法，由美国环保署 EPA 执行。EPA 在 1990 年前后，关于环境问题的大规模立法活动中，有关室内环境污染防治的法律就包括《氡气和室内空气质量研究法案》《防治石棉危害紧急法案》《资源保护和修复法案》《有毒物质控制法案》《空气净化法案》《室内氡消除法案》《住宅含铅涂料降低方案》等。

1988 年，由美国国会颁布了世界上第一部规范氡的法律条例《室内氡消除法案》明确规定了室内氡的限值要求。1992 年，美国联邦政府通过了《住宅含铅涂料危险降低法案》，该法案明确规定了房屋出售者有告知购买者房屋可能存在的铅危险及出售前的检测责任。1996 年在修订后的《联邦有害物品法》中增加了禁止使用一些对人体有害产品的相关条款。

2008 年美国加利弗吉亚州通过了由空气资源委员会提议制定的《有毒空气控制测量法规》（ATCM）该法规目的是减少复合木制品的甲醛释放量。到 2012 年硬质胶合板、刨花板、中密度纤维板及薄中密度纤维板甲醛释放量要陆续达到小于等于 0.05ppm、0.09ppm、0.11ppm 及 0.013ppm（按照 ASTM E1333-96（2002）或 ASTM D6007-2002 标准测试），分类细致严苛。

2. 社团标准

关于室内污染物控制方面的标准，最具代表性的就是在 2003 年由美国绿色建筑协会推行的 LEED（Leadership in Energy and Environmental Design）以及由美国绿色建筑协会（USGBC）和国际 WELL 建筑研究所（IWBI）联

合发起的 WELL 标准。其中 LEED 评估体系适于一种评价绿色建筑的工具，在美国部分州已被列为法定强制标准。WELL 标准是一个以人的健康为导向，基于性能的评价系统，它测量、认证和监测空气、水、营养、光线、健康、舒适和精神等影响人类健康和负值的建筑环境特征。两项内容中均涉及室内甲醛、总挥发性有机化合物、一氧化碳、$PM_{2.5}$、PM_{10}、臭氧、氡等污染物的限值要求，且十分严格，如表 6-20 所示。

表 6-20 美国 LEDD 评估体系和 WELL 标准中对污染物限值要求

污染物名称	LEDD 评估体系中限值要求	WELL 标准限值要求
甲醛	$\leqslant 50 \times 10^{-9}$（约 $0.07mg/m^3$）	$\leqslant 27 \times 10^{-9}$（约 $0.04mg/m^3$）
TVOC	$\leqslant 0.5mg/m^3$	$\leqslant 0.5mg/m^3$
CO	$\leqslant 9 \times 10^{-6}$（约 $11mg/m^3$）	$\leqslant 9 \times 10^{-6}$（约 $11mg/m^3$）
PM_{10}	$\leqslant 0.05mg/m^3$	$\leqslant 0.05mg/m^3$
$PM_{2.5}$	$0.015mg/m^3$	$0.015mg/m^3$
氡	$148Bq/m^3$（人员常在处）	$148Bq/m^3$（人员常在处）

我国有许多建设单位都与这两个美国社团机构合作采用 LEED 标准和 WELL 标准对建筑产品进行认证。例如，深圳建筑科学研究院的大楼就通过了 LEED 认证。中国城市科学研究会等单位也制定了"健康建筑"标准，推行"健康建筑"认证。

二、日本在室内污染控制方面的法规和标准

与欧洲国家相比，日本在室内污染控制方面的研究起步较晚。日本厚生劳动省（相当于我国卫生部、人力资源和社会保障部）在 2002 年规定了室内 13 种有害物质（表 6-21）及其浓度基准值，与中国的有害物质限量系列标准作用相似，都是强制规定生产产品的有害物质的限值。

表 6-21 日本厚生劳动省规定的 13 种物质室内浓度指导值

物质名称	主要使用的建材	基准值
甲醛	胶合板、黏合剂	$100\mu g/m^3$（0.08×10^{-6}）
甲苯	涂料、黏合剂	$260\mu g/m^3$（0.07×10^{-6}）
二甲苯	涂料、黏合剂	$870\mu g/m^3$（0.20×10^{-6}）

物质名称	主要使用的建材	基准值
对二氯苯	防虫剂	$240\mu g/m^3$（0.04×10^{-6}）
乙苯	绝热材料、黏合剂、涂料	$3800\mu g/m^3$（0.88×10^{-6}）
苯乙烯	绝热材料、浴室组件	$220\mu g/m^3$（0.05×10^{-6}）
毒死蜱	白蚁驱除剂	$1\ g/m^3$（0.07×10^{-9}） 儿童：$0.1\ g/m^3$（0.007×10^{-9}）
邻苯二甲酸二丁酯	聚氯乙烯树脂、涂料	$220\mu g/m^3$（0.02×10^{-6}）
邻苯二甲酸二（2-乙基）己酯	聚氯乙烯树脂、涂料	$120\mu g/m^3$（7.6×10^{-9}）
十四烷	黏合剂、涂料	$330\mu g/m^3$（0.04×10^{-6}）
二嗪农	白蚁驱除剂	$0.29\ \mu g/m^3$（0.02×10^{-9}）
乙醛	胶合板、黏合剂	$48\mu g/m^3$（0.03×10^{-6}）
仲丁威	白蚁驱除剂	$33\mu g/m^3$（3.8×10^{-9}）

日本的《建筑基准法》及《建筑基准法实施令》是专门针对建筑物各项指标设立的国家级立法，不仅对建筑的抗震、耐久等性能做出明确规定，对室内空气质量、装饰选材也有明确的控制标准，严格规定室内污染物释放浓度及有害物质基准值，严格限制室内装饰装修材料的使用。

日本农林省将散发有害物质甲醛的建筑装修材料分为 4 类，严格限制或禁止这些建筑材料在居室内的使用，并用 F 星级标识进行区分。第一类（F）为禁止使用的建筑材料；第二类（F☆☆）为严格限制使用的装修材料；第三类（F☆☆☆）为适当限制使用的装修材料；第四类（F☆☆☆☆）为不限制使用的装饰装修材料［甲醛释放速度小于 $15\mu g/$（$m^2\cdot h$）］。日本政府有关方面还同时公布了 100 多种禁止在住宅内使用的装修材料的目录。装修公司如果擅自采用禁止使用的装修材料，将受到严厉处罚。

在室内污染物控制标准方面，除了对各类建材的有害物质进行规定以外，日本还推出 CASBEE（Comprehensive Assessment System for Building Environmental Efficiency）建筑物综合环境性能评价方法体系，以各种用途、规模和建筑物作为评价对象，从"环境效率"定义出发进行评价。在室内空气质量方面，CASBEE 体系中化学污染物的要求也遵循"F☆☆☆☆"的限值要求。

美、日以外其他各国的室内环境污染的防治都在有条不紊地进行着，立法工作也在不断地加强，尤其是发达的西方国家，突出表现在对各种室内污染物限量的不断降低。

第七章

健康装修简单谈

第一节　室内装修的基本要点

现代的家庭装修越来越强调室内设施使用的便捷、功能齐全、美观、环保、舒适和健康的统一。为了达到这个目的，需要从装修的设计、材料选择、施工、装修维护及装修完成后如何检测判断空气质量等几个方面入手来满足业主对居住品质的要求。

一、科学的装修设计

这里所说的设计，指的是在建筑既有的主体结构、入户水暖电、功能房间与区域不可改变的情况下，依据业主的家庭成员组成、年龄结构，以及业主的生活习惯、审美偏好、特殊需求、使用和维修的安全性和便捷性要求，在房产商提供的使用手册允许的范围内，进行装饰装修的布局规划和整体装饰效果的预设。即在既有不可动设施的约束下，尽量进行满足业主家庭需求的布局规划和审美风格选择。具体应包括以下几个方面：

（1）要根据房屋空间和居室的特点进行功能和美学设计，尽可能创造既联系紧密又分区明确，既相互独立又互不干扰的室内空间。

（2）在不影响建筑安全性、使用性的情况下，可以依据需求对功能区进行适度调整，布局的安排应坚持"可变性"，尽量考虑功能性的可变性，防止在功能区需求需要做适度调整使用时无法变动，必须进行拆装作业。

（3）设计布局应考虑室内自然采光和通风等基本条件。

（4）室内水电管路的布局应安全且便于维修。

（5）无论采取何种装修设计风格，都要尽量控制材料的使用量。在满足房屋基本使用功能的前提下，装饰的设计要尽量满足简洁、实用和审美的要求。过多的装饰会挤占室内空间，影响室内容积，对舒适健康造成影响。尤其不能影响屋顶高度，这会影响室内空气质量。以二氧化碳为例，当室内房间高度为 2.55m 时，室内各高度水平的浓度几乎都超过居室的卫生标准，且垂直分布主要积聚在 1.2～1.4m 的高度，恰是人体或坐卧或站立时呼吸带的位置。当顶高在 2.67m 时，室内污染物情况有所好转；当顶高在 2.84m 以上时，居室空气中的二氧化碳等污染物会显著改善。

（6）功能区域的装修，尤其卧式应考虑私密性和舒适健康性。

（7）应建立装饰装修的信息管理文件，包括设计图纸，所选材料及性能、构配件、安装工艺等，以利于使用和维修。

总之，应尽量营造节能、舒适、方便、健康的居住环境。

二、环保舒适健康型建材的选择

在房间基本的装修设计方案确定后，对装修材料的选择就显得尤为重要。在对装修材料进行选择时要遵循以下 4 条原则：

1. 环保可靠

材料一定要选择符合国家十项有害物质限量标准的规定。应注意，即使选择了符合国家标准要求的材料，并不能保证室内环境不会污染。国家标准是产品质量要求的最低标准，而不是最高要求。这是一条最重要的原则。

在室内装修材料的使用中，要特别注意材料的燃烧性能。许多装饰材料都是有机材料制品，如果阻燃性差，燃烧后会产生大量的有害气体。材料燃烧对人的危害不一定是烧伤致死，多为产生有害气体致人死亡。装饰材料含有的挥发性有害物质，例如胶粘剂、木制品、软包材料、涂料会释放甲醛、有机挥发物（VOC）与半挥发性有机物（SVOC），在房屋使用过程中室内空气污染物会对人体的各方面机能产生不利影响（见本书第二章的阐述），所以必须引起足够的重视。

2. 保证性能

要根据装修方案合理选择材料，在经济允许的范围内，选择施工性和使用性优异的产品。应注意"价廉物美"不是不存在，但极少；价廉物美的少，高价也不一定百分之百是高质量产品，这是商业规律导致的。购买材料与装配件应索要检测报告，且尽量留有样品，以防产品质量出现问题无法追索责任。现在消费者为了方便采用将装饰装修工程全部外包，在签订合同时，相关材料质量的条款不可少，且应附详细清单，品牌质量要求清晰，责任分明。

3. 舒适健康

在满足基本使用功能的前提下，要尽量使用能提高室内舒适性和增加人体健康指数的产品。例如，为了减少各种微生物对身体的伤害，厨卫产品可以选用抗菌产品，如有抗菌功能的洗面池、浴盆、马桶、厨房台面；为了提高室内的舒适度则可以在装修时用调湿、保温的墙面装饰材料，如硅藻泥装饰涂覆材料、板材、轻质无机装饰板材等。对于孕妇、儿童等对家电、通信设备和室外基站等电磁波污染源污染敏感的人群可以使用对电磁波具有防护功能的吸波砂浆和涂料装饰室内墙面。

4. 选用绿色产品

国家在 2017 年颁布了系列绿色产品设计标准。尽量使用国家标准中规定的"绿色产品设计"系列标准中规定的产品，符合绿色产品设计的国家标准的产品其环保性和可持续发展性能相对好些。

2017 年颁布的标准有《绿色产品评价 涂料》（GB/T 35602—2017）（笔者参与了绿色产品设计的标准"涂料"的编写）、《绿色产品评价 卫生陶瓷》（GB/T 35603—2017）、《绿色产品评价 建筑玻璃》（GB/T 35604—2017）、《绿色产品评价 墙体材料》（GB/T 35605—2017）、《绿色产品评价 陶瓷砖（板）》（GB/T 35610—2017）、《绿色产品评价 木塑制品》（GB/T 35612—2017）、《绿色产品评价 家具》（GB/T 35607—2017）、《绿色产品评价 防水与密封材料》（GB/T 35609—2017）、《绿色产品评价 纺织产品》（GB/T 35611—2017）等。也有一些社团联盟推出绿色产品设计评价标准，但整体来讲团体标准水平层次不一，可靠性相对低，这里不再赘述。

三、安全、绿色环保施工

为了建筑整体的安全性，减少在装修施工过程中废弃物的排放和有害物质的产生，节约材料和资源，保护室内人员的身体健康和环境，要注意以下事项：

1. 禁止对房屋的主体结构进行改动

有的人在室内装修中为了体现自身独有的审美理念，往往会对室内的固有结构和功能区进行擅自改动，这种做法危害建筑物整体的安全性。改动建筑的主体结构会削弱建筑抵抗自然灾害的能力，影响整个建筑的寿命，也会对居住其中的人身安全产生隐患。

2. 尽量使用模数化工厂预制构件，避免现场制作

在家庭装修中要尽量使用模块式预制构件，避免现场制作和现场涂装。例如，对于家具、门、窗等木制品以及需要使用油漆涂料的制作及加工的工序，应尽量避免现场制作，尤其注意不要现场切割，可以采用免漆工艺，减少有害气体进入室内。要尽量少使用胶粘剂和不环保木质材料。厨卫装修要尽量考虑模块化且易拆装和易维修。

3. 注意季节、气候的影响

季节、气候对装修的效果和施工过程中污染物的排放也有一定影响。我国不同地区的自然环境差别较大，但是总体来说，进行装修时要尽量选择在温度较高和湿度较小的环境下进行，因为这较有利于有害气体向室外的排放。当这两者不能兼顾时，首先要选择相对干燥的气候。一般来说，春秋两季室内外空气的流动性较好，是适宜装修的时节。在冬季施工往往墙面装饰会出现问题，如涂层鼓泡、色漆处泛白，即使是壁纸、壁布，也可能在春、夏季来临时出现类似问题。其主要原因是冬季施工水分散失慢（被封闭于墙体中），气温升高水蒸气向外扩散带来碱性离子迁移，沉积在涂层、壁纸、壁布表面，出现色差。

四、装修后的室内空气质量的判断

建筑在装饰装修完成且家私到位后，对空气质量是否符合标准要求应该有一个基本的判断。

1. 对于空气污染，感觉往往是最好的判断方式

首先闻味，如果在开窗情况下室内仍然有"装修"味道存在，那室内环境 VOCs 污染肯定超标。如果在密闭 12h 以后，室内空气仍然有味道，说明空气中 VOCs 的积累依然很高，空气质量仍然不会达标。应注意，甲醛的污染很难通过感觉来判断，在高浓度甲醛的污染时（超标几倍），对眼角膜可能有刺激作用，如果入住后眼角干涩，那就应考虑甲醛超标的可能性。

2. 当室内空气感觉有味道时，那就应该考虑空气质量的检测

房地产开发公司在精装工程中，与装饰分包单位签订合，应该包含有环境空气质量控制的条款，验收时室内空气质量应达标。家庭自己找装修公司装修，合同中也应有空气质量保证的条款，但增加这样的条款往往会增加成本，成为装饰公司增加费用的借口。不管房地产开发商的装修，还是业主自己寻找的装修工进行的装修，当室内空气闻起来有味道，那就一定要进行检测，消除安全隐患。

消费者要进行室内环境检测，需要明白如何对空气质量进行检测，检测哪些污染物，检测签订合同包括哪些内容，一般的市场价格是多少；有无简易的室内空气质量检测与跟踪方法等。

（1）什么样的检测机构可靠？房地产开发商出具的检测报告一定是具有室内空气检测资质的检测机构，这些检测机构具有在国内合法认证资格，即 CMA 资质（即"中国计量认证"标志）。这些检测机构既有政府的事业单位性质的质检机构，也有民营检测性企业。理论上讲，只要该单位具有完善的设备和素质合格的人员，检测结果都应可靠；但其不可靠在于开发商可能与检测机构形成利益有关方，所出测试报告的数据不真实。业主直接寻找的有资质的检验机构出具的检验报告都应是可靠的。其他无资质的检测机构，例如，材料销售商利用便携式对甲醛和 TVOC 的检测也具有参考价值，但不具法律效力，如果非检测机构检测结果显示室内污染超标，业主就更应该注意找专业机构复测。

（2）检测哪些项目？一般情况下，可以按照两个标准：《民用建筑工程室内环境污染控制标准》（GB 50325）或《室内空气质量标准》（GB/T 18883）进行室内空气质量检测。对于开发商，一般会按照《民用建筑工程室内环境污染控制标准》（GB 50325）（强制性标准）规定的项目检测（详见第六章）。该标准规定 5 项检测项目：氡、甲醛、苯、氨和 TVOC。标准要求在新建建筑竣工至少 7 天以后，房屋交付使用前进行检测。在利用这个标准对室内环境进行检测时要特别注意家具对室内环境的影响。因为这个标准没有特别强调在检测中要在室内摆放家具，只是在室内施工完工后对室内环境进行检测，有可能出现在家具没有进入室内前按此标准室内环境合格，而添置家具后室内空气不达标的现象。业主可以按照《室内空气质量标准》（GB/T 18883）进行检测。这个标准是不管人和家具、电器有没有入室，都可以检测，包括物理性、化学性、生物性等 19 项控制指标（详见第六章），但花费时间较长，成本较高。对消费者来说，不管以哪个标准检测，笔者认为为了减小检测费用，仅检测甲醛和 TVOC 即可，现在建筑氨气污染的概率比较低。从维护业主权益和身体健康的角度出发，建议在请有关机构对室内空气质量进行检验时，要尽量将室内家具布置齐备，并进入日常生活时的状态。因为只有这样检测出来的数据才能较真实地反映出日常生活中室内的空气质量状况，并且在出现问题时有针对性地采取措施和查找原因。

从以上两个标准可以看出，虽然标准在检测过程中采取了科学的检测手段，但是由于都没有明确界定家具等易释放挥发物的物品在室内检测时对室内污染的贡献量问题，导致即使达到这两个标准的检测指标也很难保证在居室内的物品发生改变之后室内空气的质量安全。

（3）业主请检测机构室内空气检测的程序。室内空气检测是对室内环境有要求的。检测前，业主必须提供建筑室内空间图纸，供测试机构以及相关标准确定测点数与位置；依据不同的标准，室内空间需要密闭的时间不同，满足密闭时间要求，然后检测人员进行空气采样检测；检测人员采样后回实验室进行化学分析，得到室内空气污染物浓度，然后出具检测报告。应注意，检测环境温度、密闭时间的准确性均会影响检测的准确性，一般情况下室内密闭时间越长污染物浓度积累会越高。

（4）测试费用是多少？对于不同检测机构检测费不同，一般情况下相关部门都有一个指导价。检测机构的市场化运营，市场竞争，导致市场上检测价格比较混乱。目前正规的检测机构，测试甲醛、苯、TVOC、氨、氡等五项，北京市相关协会给出的工程验收检测指导价为 1200 元/点。对于普通消费者，这确实是一笔不小的开支，笔者认为没必要五项全测，一般情况下检测甲醛和 TVOC 即可基本反映室内空气污染状况。当然，对于检测机构，派人上门服务，并且还需要实验室后台支持，确实检测成本不低。

（5）有无简易的检测方法？室内空气检测有化学法和电化学法（便携仪器现场出数据）。标准规定的检测方法都是采用空气采样器在室内空气中利用化学吸收液吸收空气中的污染物，然后带回实验室进行分析，可以称之为"化学法"。便携式电化学法没有被列为标准方法，其主要原因是，对污染物的识别性较差，受干扰大。另外，电化学法设备，燃料电池的老化也会影响测量精度。但是，并不能就此认为电化学法不能反映室内污染情况，所以作为非标检测采用电化学法便携式测试设备也是很好的方法。对于认为依据标准正规检测机构化学法费用较高的业主，也可以采用便携式电化学法或简易化学比色法检测，现场显示污染物浓度，费用较低。

3. 为了室内环境安全，有无家庭室内环境监测的常用设备

应该说，利用低成本的便携式家庭用检测设备是一个跟踪检测室内环境的很好的方法。由于大家对室内环境污染的重视，市场开发出了很多小巧低成本的室内污染测试数显设备。这类小巧的设备由手机充电器电源或干电池供电，随时显示室内空气污染甲醛和TVOC的浓度。价格几百元到几千元，乃至上万元不等，主要在功能区别和设备形式。价格不一定与该类设备的可靠性存在正相关。正是由于市场的需求较大，也出现了鱼目混珠的现象。建议消费者选用品牌和生产机构可靠的产品。中国建材总院绿色建材国家重点实验室经过筛选传感设备研制的甲醛和TVOC"盒"式家庭检测设备精度相对准确可靠。

4. 室内空气质量检测合格，是否能够保证安全

作为开发商，由正规检测机构按照正规程序进行的检测结果是可靠的。作为业主要明白，开发商交房时提供室内环境检测报是应该的，但不一定完全可靠，防止其形式化。因为开发商不可能每套房都进行测试，测试的套房是达标的，但没测试的房间就不一定达标。标准规定的污染物限值，只是基于一般的人群暴露的危害性而确定的数值，人存在个体差异，污染物浓度较高但不超标，对敏感人群也可能存在影响。标准限值只是个数值，且有高低，越低越好。另外，测试报告结果应该是有条件的，气候环境的变化也可能导致室内环境污染物的上升甚至超标。室内污染具有其特征（详见第二章），应尽量控制室内污染浓度接近标准上限。

五、降低室内污染的措施

装修后室内空气污染防治问题在前面第二章化学污染的部分已经进行了介绍，这里再结合室内装修后的污染特点做进一步阐述，具体如下：室内环境污染情况可以分为两种：第一种情况，装饰装修后未入住之前发现空气污染；第二种情况，入住后发现空气污染。

第一种情况可以采取如下措施：

（1）加强空气流通：只要气候条件允许，要加强室内外的空气交换。科学合理地进行室内家具等物品的陈设，保持室内外空气的畅通，这是减少室内空气污染最简便有效的方法。在条件允许的条件下，可以采取室内密闭加热到一定温度后，再开窗通风；如此多次循环处理，加速建材污染物的释放，可以快速降低室内污染物浓度。

（2）延缓入住时间：装修完成后，在有条件的情况下至少一个月后、甚至三个月、半年后再入住是比较理想的。因为装修污染在开始 1～3 个月的释放量大，大约是总体污染源释放量的 60%～80%，之后污染物释放速率逐渐放缓。但是人造板材（包括制作的衣柜和橱柜）内的甲醛完全挥发掉，需要十几年甚至更长的时间。

（3）在采取通风和入住时间延缓室内污染浓度仍然不达标的情况下，可以考虑对室内污染的治理。消费者应该明白，室内甲醛污染治理是较为容易的；VOC 污染治理是比较难的。这是由污染物的化学性质决定的。对于甲醛的治理可以采用甲醛净化剂，这类材料多含有胺基的化学物质，可以快速把甲醛反应掉；对于 VOC，是不同沸点的有机气体，包括芳香烃和酯类、醇类等多种物质，目前没有在室温下能够与之快速发生化学反应的物质，将其固化的比较有效的反应物质。也有净化企业采用光催化治理。客户应了解，无论是甲醛还是 VOC 采取光催化治理，就是用光催化喷剂喷涂装饰材料表面，然后用紫外光照射加速吸附在室内或释放出的污染物分解。这也只能是在紫外条件下的有效方法；在自然光条件下，效果不明显。所以，室内空气污染的治理也多是用所谓"净化"材料喷涂，加热与光照处理来加速污染物的释放和分解。毫无疑问，"净化治理"会有明显效果，但是存在污染反弹的可能性。这主要决定于室内污染物的性质、含有量和自然释放速度、治理是否彻底等多种因素。

（4）对于无法治理，安全隐患较大污染非常严重的材料应进行更换。

第二种情况，入住后发现空气污染。也只能采取上面措施的（1）、（3）、（4）项。

第二节　儿童房装修的关键要点

儿童房一般是指 0~12 岁孩子的房间，既包括孩子自己的房间，也包括家里与孩子相关的其他空间。儿童卧室是儿童房装修的核心部位，是孩子的私密空间，在设计上一定要确保能满足孩子的休息、学习、游戏等活动的需要。不同性别的孩子在生理与心理方面有着不同的特点，对环境的需求也不同；而且在孩子的成长过程中，不同年龄阶段也会产生不同的生理和心理变化，这些变化又会直接导致孩子在兴趣、爱好和需求上的变化。因此，在进行儿童房装饰设计时，要综合考虑不同性别、年龄的孩子的实际生理与心理特点和具体需求。

一、室内设计与布局

（1）儿童房应有适度空间和整体布局。适度的空间安排可以有良好的视觉效果，同时，也能够为儿童提供足够的游戏空间和保证空气质量；空间过大显得空旷，儿童会缺乏安全感。整体设计布局中应考虑墙面装修形式、地面、家具位置合理等多种因素。

（2）照明与通风。儿童房设计应考虑充足的自然采光和适度的照明，以及优良的自然通风条件。

（3）考虑安全性。电源线隐藏起来，开关要安全；考虑尖锐或墙体棱角部位的软化或钝化处理，防止儿童在活动中受伤；还要室内考虑降噪和防止电磁辐射。

（4）考虑性别。孩子的性别心理取向除了和先天生理因素有关，还与后天的人为引导培养教育有关。所以，女孩就要营造适宜女孩成长的环境，男孩就要有适宜培养男孩性格的成长环境。女孩房间装饰的主色调和墙面应该充满生机，具有活泼、温馨的氛围。男孩房间装饰的主色调图案应稳重、沉着，具有力量感、科技感和运动感等。选择乳酪色、天蓝色的墙面都能够使空间看起来更加舒适可爱。

（5）利于身心健康。整体设计要考虑童趣，不宜成人化。孩子大部分时间在游戏中度过，应充满趣味性和科学合理地装饰儿童房。小的孩子喜欢在地上爬，可以给孩子设计一块地上的活动空间，保证其活动的安全性与趣味性。应营造一个具有爱心、和谐、安静、爱学习的成长氛围。

（6）利于早期教育。儿童房装饰应该不仅有利于儿童成长，而且有利于孩子早期教育，使孩子成长为一个性格健全、心理和生理健康，具有学习和科技能力的有社会责任感的人。有的孩子喜欢在墙壁上画，可以给孩子提供安全画板。不建议在墙面设计一块可擦洗的墙壁，这样会使孩子形成在墙面上随便画的习惯。对于大一些的孩子，可以在房间装饰里培养兴趣和爱好，对培养儿童健康成长，养成独立生活能力，启迪他们的智慧具有十分重要的意义。

二、装饰装修材料选择

与成人相比，儿童正在生长中的身体更容易受到有害装修材料的侵害，所以，儿童房的装修无论采用什么风格，对环保材料的选择是最重要的，要有利于儿童的身体和心理发育，尽量选择一些社会公认的信誉好的知名品牌。

（1）墙面与顶面材料的选择。墙面材料，大家一般会选择乳胶漆、硅藻泥、壁纸、集成板材等。

目前来说，高端乳胶涂料、优质硅藻泥、无机质墙面集成板材等都是可选择材料。对儿童能够触及的材料，污染物的控制除了甲醛和VOC之外，重金属是一个很重要的指标。儿童有频繁抚摸和舔舐物品的习惯，重金属会对孩子的健康产生伤害。国外对儿童用品重金属含量有严格控制。

儿童房顶面材料可以区别于墙面，采用具有吸附强能够改善室内环境的材料，如调节湿度、抗菌防霉无机材料，采用模拟天空的天蓝色色调。使用涂装材料时，应注意调色材料可能会造成化学或重金属污染，所以不宜用深颜色。集成板材避免用有机质材料，虽然可能无VOC和甲醛的污染，但可能存在高沸点挥发物（SVOC）。这种污染是潜在的，具有隐蔽性。现在的许多产品标有儿童专用，例如"儿童漆"等，这类产品可能污染物控制严格些，常规性能不会与高端产品有太大区别。有的产品可能是概念，消费者应擦亮眼睛理性消费。

涂乐师硅藻泥　　　　　　　绿森林硅藻泥　　　　　　　洛迪硅藻泥

儿童房装修如果选择壁纸，胶粘剂的危害性应该意识到，尤其高温高湿地区采用淀粉胶会存在日久霉变，影响室内空气环境；木质板材一方面可能有甲醛污染，另一方面漆面材料可能是污染源之一。材料的选择应综合考虑环境与气候特征。

（2）地面材料的选择。地面材料目前主要有陶瓷砖、石材、复合木地板、实木地板、贴面木塑和复合板等。如果选用陶瓷砖和石材，考虑安全性，表面应再铺设地毯采取防摔伤措施。儿童房地面宜采用实木地板或软木地板。实木复合地板或强化复合地板若甲醛含量很低也可以使用，但目前复合地板的环保性均很难达到要求。考虑到环保性应慎重使用含高分子的塑料复合地面材料。

（3）家具的选择：儿童房用品的配置应适合孩子的天性，以柔软、自然素材为主。家具应选用原木家具，款式宜小巧、简洁、质朴、新颖，同时还要符合孩子的装饰品位。原木家具胶粘剂含量低，相对安全。对于其他装饰用品选用塑料件，应注意环保性。注意不可装潢得太过复杂，至少要让空间看起来比较大。

家具的尺寸特别重要，特别是椅子和书桌的尺寸，对于上学的孩子更重要，若长期不适会引起脊椎变形。家具外形应无尖角，应是圆弧的且弧度要大些。这样在孩子玩耍时不慎碰到家具，就不会受伤。家具的把手也应符合孩子的手感。收纳用具的设计要考虑培养孩子养成好的生活习惯，还要符合儿童的习惯。

床垫应平整、软硬适中，考虑到儿童发育期，床垫过软对孩子的身体发育有害；床垫过硬会使儿童不适。

三、注意施工工艺和布局对居室整体环境的影响

在施工过程中，应注意施工工艺与辅料对环境的影响。有些施工工艺会对材料进行切割、黏结，为了提高施工效率还会使用一些黏结材料，这些都会在一定程度上影响装饰材料有害物质的释放量。往往建筑装饰用辅料，胶粘剂、勾缝胶、玻璃胶都含有大量的 VOC，对室内污染的影响不可忽视。

装修中，不可能一点污染也没有，要保持室内良好的通风，使室内的有害气体尽快排出。当装修完工后要充分通风，必要时对房间内空气质量进行检测，确保空气质量不仅合格，且要求数值远低于标准值，方可入住。

四、注意外部自然条件对室内环境的影响

儿童房间要选择自然环境好的房间，如采光、通风、朝向和好的窗外景致。房间的布局，卧室最好是南北向，这样有利于通风和采光。对于快速成长的孩子要多接受日光浴，在阳光下运动有利于孩子的健康成长。学习的地方最好是北侧的书房，可以保持一天的光线柔和，减少视力疲劳，保护眼睛。若没有北侧的书房在设计时应考虑孩子对于光线变化的需要。

第三节　养老房屋装修应注意些什么

人进入老年以后，从心理到生理上均会发生许多变化。老年人房间的装饰陈设与设计，首先要了解这些变化和老年人的特点。老人卧室宜选择通风良好、阳光充足且隔声效果好的房间，有助于老年人的身体健康。老年人房间的装修要点如下：

一、设计与布局

（1）老年人的房间首先应充分考虑采光与恒温，保证"光与热"。

光是热量，也是生命的来源。作为老年人，代谢慢，不耐寒，也不耐热，不仅需要食物补充热量，外界环境提供的辐射热对维持老年人的正常生理机能的作用非常大。适度接受阳光照射有利于身体健康。所以，其房间设计不仅采光要好，在客厅、阳台等处可以设计出晒太阳的"太阳地"。对保温、供热与制冷不好的老年人建筑，在装饰装修时可以考虑采取适当的补救措施，进行内保温和热调节。

（2）老年人建筑与装修应考虑良好的通风措施，保证"空气新鲜"。

老年人由于机能下降、体力差，个人卫生会差些；另外，不得不认识到，人体进入老年，生物熵紊乱度增加，身体内分泌与分布的腺体分泌会有变化，可能会有"体味"，保证新鲜的空气质量尤为重要。一方面要保证空中的氧含量，另一方面要减少人体生理活动产生的化学与微生物污染，空气新鲜利于健康。所以，在装饰装修时要适当考虑新风系统或便捷的通风措施。

（3）装修设计考虑"安静"措施。

老年人多要求安静，而且老年的睡眠质量尤为重要。因此，对老年人的房间最基本的要求是门窗、墙壁隔声效果要好，不受外界影响，要比较安静。在装修设计时，针对建筑的既有隔声建造水平，可以采取适当的补救措施，包括门窗、地面、墙体等。

（4）考虑设施布局的"便捷性"。

设施的布局与设置更应考虑便捷性，例如，卧室与洗漱间的距离应近且方便。设施的布局应考虑"人体工学"的原理，一切以方便使用和整洁卫生为目标。

如卧室灯的开关更加易触及；家具布置存放衣物和用品方便；地面铺设材料软硬适中，行走方便；洗漱间洗漱池高低适中、马桶位置合理方便使用；厨房布置简易便捷等。

（5）考虑设施布局的"功能性"。

在装饰装修中，设施配件和材料除了传统的使用性能之外，还应具有很强的功能性。例如，智能可冲洗马桶、智能窗帘、电视开关操作简易方便。在一些设施处，可以多设计方便又不影响活动的支撑和扶持把手等，给老年人活动提供借力支撑点。此外，对于行动不便的老年人，应考虑满足其特殊要求的设施。

（6）老年人起居室所对的外部环境应体现"活力"，而卧室外部环境应"静美"。

充满活力的起居室外部环境是充满"绿色"的，生机盎然的。外部有"人气"使环境不寂寞，能激发老年人内心的活力。

卧室外边的环境，应"安静"且"美丽"可以给老年人以安静祥和的心情，利于休息。

（7）整体风格"简洁"、色彩要"沉稳"。

老年人的另一大特点是"阅尽人生""故事万千""过去既有美好回忆又难免伤感"，所以在居室色彩的选择上，应偏重色彩平和、沉稳的室内装饰色。宁静、雅致、祥和的色彩，能使老人心情平静、愉快。尊重辩证规律，色调不能沉闷也不能过于明快。色调过暗缺乏生命力，易产生沉闷感和消极暗示；色调过于明快，显燥，不符合老年人心理。

墙面宜采用自然的乳白、淡黄、藕荷色等素雅的颜色，可配富有生气、色调中性的家具，以木本的天然色为基础，突出自然清新。浅色家具轻巧明快，深色家具平稳庄重，老年人的心理年龄差异较大，可以根据其喜好来选择。不要以为老年生理年龄大心理年龄就一定大，使用便捷上应考虑其生理年龄，心理上应结合老年人自身的特点。

二、装饰装修材料与用具的选择

1. 材料与构件的选择

（1）装饰材料的选择对老年人来说，和儿童房类似，环保是第一位，一定要没有污染和味道。

这类材料市场上很多，高端品牌与大企业涂料基本能达到环保要求，易带来污染的是壁纸胶粘剂、软包材料（皮革、布料和胶粘剂）、墙面瓷砖胶、结构胶和勾缝胶等。控制木质复合板材的装修材料使用量，更要控制塑料装饰品。

（2）选用具有舒适健康性和装饰性的新型生态环境功能材料。例如硅藻泥、贝壳粉及无机涂装。艺术涂料由于色彩和光泽的要求，往往环保性和呼吸透气性较差。艺术涂料只可用于点缀，不宜大面积施工。控制好放射性的"负离子"装饰材料对老年人住所有一定的益处。

| 斯米克板材 | 特地陶瓷 | 涂邦德涂料 | 贝卡乐贝壳粉涂料 |

（3）装修时要选择一些隔声效果好的装饰材料和构件。例如门窗可以采用通风隔声窗、隔声效果较好的隔声门；地面则可以采用铺地毯和软木地板的方法减少下层房屋的声音传播，而且这样的地面也能保证老年人在跌倒时不发生大的伤害。

2. 家具的选择与布置

（1）家具的选择，重要的不是款式，仍然是环保性。目前没有污染的衣柜不多，或多或少都带有一定的化学污染。尤其复合木板家具，实木、无胶粘剂的家具是相对可靠的，因为只可能有表面漆料污染，胶粘剂污染的概率比较低。

（2）家具应使用"方便"。老年人一般腿脚不便，在选择日常生活中离不开的家具时应予以充分考虑。为了避免磕碰，那些方正见棱见角的家具应越少越好。对于衣柜等老年人常用的生活设施一定要高矮适当并且保证使用方便。在所有的家具中，床铺对于老年人至关重要。老年人的床铺高低要适当，应便于上下、睡卧以及在床上躺卧时可自由拿取床旁的日用品，不至于稍有不慎就扭伤摔伤，床垫应软硬适中。

（3）家具摆设应符合"人体工学"原理，符合老年人的生理能力。突出使用"简""易""养"。"简"是指简单、"易"是指方便快捷、"养"是指养生学。尤其灯具开关要方便，小储物柜、台存储要方便。床头的方向也值得考虑，古人提出"秋冬向西"的观点。如《千金要方道林养性》里说"凡人卧，春夏向东，秋冬向西"，《老老恒言》引《记玉藻》："凡卧，春夏首向东，秋冬首宜向西。"所以，理论上讲由于地磁和地球的公转，睡眠朝向对健康应该是有影响的。

（4）光线与其他装饰符合老年人特征。老年人视力一般会下降，起夜较勤，晚上的灯光强弱要适中，起夜中强光刺激会影响后继睡眠。其他装饰物易简捷，符合老年人特征。房间中要有盆栽花卉，绿色是生命的象征，是生命之源，有了绿色植物，房间内顿时富有生气，它还可以调节室内的温度和湿度，使室内空气清新。老年人为了减少孤单，喜欢养宠物，设施的选择应注意易清洁，保持卫生。

（5）对于行动不便的老年人，可在其墙壁上设置受力方便的扶手，包括卧室，客厅、厨房、阳台、卫生间等，凡是老人在家中能到达的空间都要有这样的设置。在空间允许的情况下，建议在卧室墙上设置便于扶持的扶手，高度适宜，便于老人站立和坐下。

鸣　谢

　　一本书的出版，不仅需要依托单位的支持和编写者付出辛勤的劳动，也需要企业的支持。这里首先要特别感谢下列企业：湖南福湘木业有限责任公司、广东涂乐师新材料科技有限公司、吉林省绿森林环保科技有限公司、吉林省春之元硅藻新材料科技有限公司、佛山涂邦德新材料科技有限公司、上海斯米克健康环境技术有限公司、广东特地陶瓷有限公司、山东信尔建材科技有限公司、贝卡乐（北京）生物科技有限公司、长沙洛迪环保科技有限公司。

　　其次要感谢秦洪园同志在深圳广田集团股份有限公司工作期间为本书进行的文字整理工作。最后要感谢团队的各位成员不辞辛劳地为本书的编写贡献力量。

编　者

2021 年 3 月

湖南福湘木业有限责任公司 http：//www.fuxiang.com.cn/	FUXANG 福湘®
广东涂乐师新材料科技有限公司 http：//www.toloss.com/	TOLO® 硅藻泥艺术 涂乐师 涂/料/创/意/专/家
吉林省绿森林环保科技有限公司 https：//www.lslgzn.com/	绿森林 —硅藻泥—
吉林省春之元硅藻新材料科技有限公司 https：//www.czygzn.com/	春之元®壁材软饰
佛山涂邦德新材料科技有限公司 网站：http：//www.tubangde.com/	TOBOND
上海斯米克健康环境技术有限公司 http：//www.cimichealth.com/	CIMIC 斯米克
广东特地陶瓷有限公司 http：//www.tidiy.com.cn/	特地·负离子瓷砖
山东信尔建材科技有限公司 http：//www.ldfstl.com/	信尔·绿芝宝
贝卡乐（北京）生物科技有限公司 https：//www.beikale.com/	BGCOLOR —贝卡乐—
洛迪环保科技有限公司 http：//www.lodi1813.com/	东方雨虹 ORIENTAL YUHONG LODI 洛迪科技